2017年度教育部人文社会科学研究项目资助（17YJA790062）

城镇
污水治理成本规模及服务效率研究

马乃毅　徐敏　著

CHENGZHEN WUSHUI ZHILI CHENGBEN GUIMO
JI FUWU XIAOLYU YANJIU

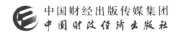
中国财经出版传媒集团
中国财政经济出版社

图书在版编目（CIP）数据

城镇污水治理成本规模及服务效率研究／马乃毅，
徐敏著． ——北京：中国财政经济出版社，2022.5
ISBN 978 - 7 - 5223 - 1329 - 0

Ⅰ.①城… Ⅱ.①马… ②徐… Ⅲ.①城市污水处理
- 研究 Ⅳ.①X703

中国版本图书馆 CIP 数据核字（2022）第 058134 号

责任编辑：李筱文　　　　　责任校对：徐艳丽
封面设计：卜建辰　　　　　责任印制：党　辉

城镇污水治理成本规模及服务效率研究
CHENGZHEN WUSHUI ZHILI CHENGBEN
GUIMO JI FUWU XIAOLU YANJIU

中国财政经济出版社 出版
URL：http://www.cfeph.cn
E - mail：cfeph@ cfeph.cn

社址：北京市海淀区阜成路甲 28 号　邮政编码：100142
营销中心电话：010 - 88191522
天猫网店：中国财政经济出版社旗舰店
网址：https://zgczjjcbs.tmall.com
北京财经印刷厂印刷　各地新华书店经销
成品尺寸：170mm×240mm　16 开　15.5 印张　258 000 字
2022 年 5 月第 1 版　2022 年 5 月北京第 1 次印刷
定价：70.00 元
ISBN 978 - 7 - 5223 - 1329 - 0
（图书出现印装问题，本社负责调换，电话：010 - 88190548）
本社质量投诉电话：010 - 88190744
打击盗版举报热线：010 - 88191661　QQ：2242791300

序

　　城镇污水治理行业具有典型的区域自然垄断、投资成本高、投资回收期长、外部性、信息不对称性和客户对产品没有直接需求等特征。污水治理行业的技术经济特性决定了政府必须以真实的污水治理成本为基础来确定污水治理的价格。污水治理成本是政府确定环境治理成本，确定污水处理收费标准的主要依据；是污水处理企业加强内部管理，实现可持续发展要考虑的关键要素。同时，污水治理成本的高低也直接决定污水处理费的标准，涉及用水户的直接利益和可承受能力。中国传统的污水治理行业的组织方式是政府投资并负责生产，污水治理成本全部由政府承担，这样造成的财政压力、污水处理企业内部效率低下、水资源浪费严重等问题是显而易见的。随着改革开放的进一步深入，我国污水治理逐步走产业化的道路，鼓励国外资本和民间资本进入污水治理市场，污水治理实行政企分开、企业化经营，并向用水户征收污水处理费，保证污水处理企业的投资运行，又要防止企业谋求高额的利润或者故意虚高成本而造成居民和政府负担的加重。真实客观合理合法的污水治理成本是污水处理行业健康发展的基础。不断提高污水处理企业的服务效率，降低污水治理成本是一个值得探讨的问题。

　　本书在借鉴服务效率、规模经济和管制经济相关理论，以及中国污水处理行业发展现状的基础上，通过对污水处理企业重点调查数据的分析发现中国污水处理企业的治理成本水平和结构及存在的问题；通过因子分析方法分析不同规模污水处理企业的成本控制的影响因素；通过 DEA 方法分析不同规模的污水处理企业的服务效率；在借鉴国外污水处理行业治理及管理的基础上，提出提高中国污水治理行业发展及管理的政策建议。

　　本书共七章。第一章导论，主要阐述本研究目的、研究的理论意义与现实意义；对国内外相关研究动态进行总结和评述，确定文章研究思路、研究内容、研究方法。第二章相关概念及基础理论。从服务效率、规模经济和管制经济等方面进行理论阐述。第三章主要阐述中国水污染的现状、中国污水处理行业发展历程和政策演进、中国污水处理行业的发展现状。第四章主要对污水处理行业具有区域垄断性、正外部性、投资规模大、投资回收期长等经济技术特性进行分析，通过调研数据对中国污水治理成本进行详细分析，通过因子分析法分析影响不同规模污水处理企业的成本管理的因素。第五章通过 DEA 方法分析不同规模的污水处理企业的服务效率。第六章是对国外（包括美国、德国、法国、英国、加拿大、新加坡、日本、澳大利亚、以色列和印度等）污水治理方面的实践及经验进行分析和评价，提出中国政府可借鉴的经验。第七章提出主要结论和政策建议。

主要结论包括：（1）污水治理成本倒挂现象依然严重，投资成本较大，资金短缺。（2）污水处理行业管理有待进一步提高。内控管理还不到位，行业管理还需要有一定的管理手段，管理体制还不完善，缺少绩效目标责任制，企业竞争优势没有充分发挥。（3）规模效率偏低是导致污水处理企业服务效率低下的主要因素。寻求适度规模对提高规模效益十分关键，达到规模经济可以整体提高污水处理企业的服务效率。同时，技术变化对服务效率影响较显著，技术的进步对提高服务效率非常有效。污水处理企业不同规模均存在投入过剩或产出不足的问题。

主要建议包括：（1）国家应加强顶层设计，促进污水处理行业发展。（2）坚持适度规模原则，加大技术投入。（3）政府应加强监管力度，发挥市场机制。（4）引入竞争机制，优化控制成本。

本书的完成得到课程组成员徐敏和冯颖的大力支持和密切配合，两位研究生李国泉和龚义枫在课题研究以及书稿的完成方面都付出了很多努力，在此表示衷心的感谢。

需要说明的是，本书是在借鉴规模经济和服务效率以及管理学等相关理论和方法的基础上形成的，是对中国污水治理成本、规模和服务效率的一个初探，力求从理论和实证两个方面研究一些新问题，限于作者水平，对中国污水治理成本规模和服务效率研究还存在着诸多不充分和不完备的地方，因此，恳请各位专家、同仁和广大读者不吝赐教。

作者

2022 年 1 月

目　录

第一章

绪　　论

第一节　研究目的

城镇污水治理行业具有典型的区域自然垄断、投资成本高、投资回收期长、外部性、信息不对称性和客户对产品没有直接需求等特征。污水治理成本是政府确定环境治理成本，确定污水处理收费标准的主要依据；是污水处理企业加强内部管理，实现可持续发展需考虑的关键要素。同时，污水治理成本的高低也直接影响污水处理费的标准，涉及用水户的直接利益和可承受能力。中国传统的污水治理行业的组织方式是政府投资并负责生产，污水治理成本全部由政府承担，造成的财政压力、污水处理企业内部效率低下、水资源浪费严重等问题是显而易见的。随着改革开放的进一步深入，污水治理逐步走上产业化的道路，鼓励国外资本和民间资本进入污水治理市场，污水治理实行政企分开、企业化经营，并向用水户征收污水处理费，保证污水处理企业的投资运行。这时就面临一个问题，即污水治理成本如何确定。污水治理行业的技术经济特性决定了政府必须以真实的污水治理成本为基础。如果以边际成本确定污水治理成本符合社会资源最优配置的产量水平，但无法产生足够的收入弥补污水处理企业投资和生产成本，因而将导致经营企业的亏损；能够弥补污水处理企业成本的平均成本定价或其他规则又可能违背社会最优的产量水平，使资源得不到最优的配置，政府将在资源配置效率和企业的持续经营间进行权衡，选择一种次优或者符合现实目标的污水治理成本确定方法，既能够接近资源配置效率的优化又能够保证企业的运行。另外，由于政府和污水处理企业之间存在信息不对称性，企业管理者由于利益的驱动，可能虚报污水处理成本。如何让污水处理企业显示真实的成本，也是污水治理成本研究的主要问题。

本书研究的目标有三个：

（1）在深入调研污水处理企业投资和运行成本的基础上，全面分析不同污水处理工艺和规模污水治理成本的水平和结构，并结合区域环境因素分析污水治理的外部成本，确定污水治理的全成本。据比较竞争理论，通过污水处理企业之间的成本相互比较，使污水处理企业显示其真实成本。

（2）深入分析影响不同规模污水治理企业的成本结构和水平的因素，如污水处理企业的投资和运营方式、管理模式、处理等级、处理能力及负荷等因素对污水治理成本的影响程度。基于污水治理成本的角度确定城市不同发展阶段合理的污水处理规模。

（3）利用 DEA 技术测算污水治理的服务效率，比较不同规模污水处理的服务效率，发现影响污水处理企业服务效率方面存在的问题及影响因素，并提出相应的政策建议。

第二节　研究意义

不断上涨的污水治理成本能否满足城镇污水治理的需要？污水治理成本多少是科学合理的？这些都是值得关注和研究的问题。随着中国城镇化进程的不断加快，水资源短缺和水污染问题将成为影响城镇发展的瓶颈因素。污水治理是城镇缓解水污染和保护水环境的重要途径。然而，污水治理行业具有区域自然垄断、投资成本高、投资回收期长、正外部性、不可替代性、信息不对称、产品和客户无直接联系等特点，所以污水治理成本直接决定着城镇水环境的治理成本，并影响政府的环境治理财政投入、污水治理行业的经济效益和用水居民的费用支出。污水治理成本不是一般意义企业商品的成本，污水治理成本是政府在治理环境优化资源配置、企业维护可持续经营和消费者权益得到有效保护之间所要考虑的关键问题，这不但是一个学术性极强的理论，也是一个复杂的政策问题。从现实的角度讲，本书的研究具有三方面的实际价值：

（1）科学合理透明的污水治理成本能使消费者利益得到有效保证。科学合理透明的污水治理成本使用水户认为自己支付的污水处理费实现了自己应承担的污水净化义务和责任。如果污水治理成本虚高，不真实透明，把一部分消费者的利益转嫁给生产者，这样就会使使用水户利益受到损害。

（2）适度污水治理规模是污水治理成本的合理化关键因素，也是企业可持续发展的根本保证。城市污水收集管网系统和处理系统应当满足城市发展的需要，并与城市发展相匹配，这涉及污水治理的投资成本和运行成本合理化问题，投资成本过高使管网和处理系统闲置，造成浪费，虚增投资成本；投资成本太低，不能满足污水收集和处理的需要，造成环境污染。适度的污水治理规模，是污水治理成本合理的关键，适度的污水治理规模既能保证污水处理企业的正常运行，又能使投资者获得合理的投资回报，并具有推动技术进步的积极性，也是确定污水治理价格科学化的保证。

（3）科学合理的污水治理成本是提高污水治理行业服务效率的核心。城镇污水治理的最终目的是为居民提供良好的水环境，服务城市居民。政府和居民支付污水治理费用，希望得到高效的污水处理服务。高效的污水治理服务效率也是污水治理行业追求的主要目标。高效的污水治理效率既维护消费者的利益，又保障污水处理企业的持续经营；既改善了水环境，又能使社会经济得到可持续发展，使政府的职责和功能得以良好的实现。

第三节　国内外研究综述

污水治理是向社会提供公共服务，其治理成本及服务效率问题属于成本管理和公共管理的范畴，国外的学者从公共管理和公共选择两个方面做了大量的研究，已经形成了相对系统的理论体系。国内污水治理市场化改革的历程还比较短，污水治理成本和服务效率的研究还处于探索阶段，一些学者也就中国污水治理成本问题提出了相应的建议，这些都为本课题的研究奠定了理论基础。

一、国外研究的现状

国外学者对污水治理成本及服务效率的研究主要从两个方面展开：一是从公共管理的角度，以现代福利经济学为基础，假设政府是"仁慈"的，出于公共利益的需要，政府通过治理成本管理来纠正"市场失灵"问题，即政府以社会福利最大化为目标对污水治理确定合理的成本结构和成本水平。政府成本管理的目标主要是避免垄断者获得超额利润、保护消费者利益和维护环境的可持续发展。二是以公共选择理论，以"经济人"假设为前提，认为政府也可能为追求自身利益而背离社会公共利益目标，选择有利于政府中个人和利益集团的选择，即存在"政府失灵"，因此需要对政府决策的范围和权力施加一定的限制和激励，即合理确定污水治理成本的边界和构建有效的成本管理机制。国外关于污水治理成本管理政策也不尽相同，例如英国对污水处理行业实行私有化改革，采用价格上限的方式进行成本监管；法国主要采用委托经营方式，运用特许经营定价和租赁定价等方式对污水治理成本进行监管；美国对私有污水处理企业采用投资回报率方式进行污水治理成本监管。GEORGE R. G.（2002）估算供水作为公共福利，改革对消费者、政府以及国外资本的影响，但私营部门的参与使所有人民受益。Thoralf Dassler（2006）通过基准测试在英国，监管机构对公共事业监管价格的作用不大。Alberto Asquer（2011）调查从公共服务行业的自由化和监管改革中获得预期利益的困难。Ronggang Zhang（2019）使用动态 SBM（基于松弛的测度）模型对中国 30 个地区的研究样本进行废水资源评价。FENG, Y.（2019）应用不良产出模型对污水处理厂技术效率进行评价。Vicent Hernández‑Chover（2018）从规模经济的角度分析规模经济对废水处理过程的效率产生了重大影响，对运营成本有直接影响。R. Fuentes（2020）从经济和环境角度评估污水处理厂（WWTP）的效率与提高其绩效具有高度相关性。

二、国内研究的现状

国内污水治理成本管理研究还处于初级阶段，成本结构和服务效率的研究还处于探索阶段。研究主要集中在污水治理成本的构成、赔偿标准等方面。例如，谭雪等（2015）认为，污水治理成本包括污水处理费和污水及污泥排放的外部成本，征收费用应当体现全部成本。周斌（2001）通过对不同工艺污水处理所需成本比较得出污泥运行成本在核算中不能被忽略。傅涛等（2006）认为，污水治理成本在性质上是一种环境水价，是用水者对一定区域内水环境损失的价格补偿。王佳靓（2011）从环境会计的角度估算了污水处理厂运行所需环境要素的资源成本。沈大军等（2006）则认为污水处理费是为用户提供排水和污水处理服务而收取的费用，是补偿排水和污水处理设施的建设、运行和维护管理成本，应当包括税金和利润，属于经济管理范畴；韩美等（2002）认为，污水处理费是外部成本的一部分。王成芬（2007）认为，中国现行的政府管理体制造成了"低污水处理费＋亏损＋财政补贴"模式，限制了污水治理行业商业化运营和发展。刘戒娇等（2007）认为，中国绝大多数城市尚未建立起合理的污水处理费征收机制，污水处理收费偏低，污水处理费征收标准和污水处理成本之间差距较大，直接影响污水处理设施的建设和运行。于鲁冀等（2011）从污水治理成本的角度对流域污染赔偿标准进行了研究。在污水治理公共服务效率研究方面，郑丽丽（2013）运用DEA技术对城镇污水处理厂减排效率进行了研究。崔建鑫（2016）从效率最大化和费用最小化的角度对污水处理设施的空间布局优化配置进行了研究。陈秋兰（2018）调查污水处理设施的混合废水治理成本，并以此为依据核算混合废水的虚拟治理成本。黄德波（2020）基于合作博弈的流域水污染治理成本控制方法可以在短时间内实现成本控制。

三、综述

综上所述，国外对污水治理成本管理及服务效率的研究主要集中在如何更好地平衡公共利益和效率的问题上，完全由政府提供污水治理成本会降低污水处理企业的服务效率；由企业决定污水治理成本，企业运行效率高，但也存在污水治理成本上涨过快和信息不对称等问题，这些问题都需要进一步研究。国内关于污水治理成本及服务效率的研究，概念性质研究的多，定量研究的少；指出问题的多，深入具体分析影响污水治理成本的因素少；国外方法介绍多，适合中国国情和区域环境的污水治理成本及服务效率评价研究少。

第四节　研究内容与方法

一、研究内容

（一）分析污水治理行业的技术经济特性

污水治理行业具有区域自然垄断、资本密集型、投资回收期长、信息不对称、正外部性和产品与客户无直接联系等特点。这决定了污水治理成本具有很强的特殊性。不管是从环境成本角度还是从水服务角度来分析，污水治理成本的结构和水平形成都有难点。政府要进行污水治理市场化改革，提高污水治理效率，缓解水资源短缺和保护水环境，其核心是必须建立科学合理的污水治理成本结构和水平。

（二）对现行的污水治理成本结构进行全面深入分析

通过对不同规模样本污水治理企业的投资建设成本、运行成本、污泥处置成本的结构和水平进行分析，找出相关因素对污水治理成本的影响程度，并分析其产生的原因。

（三）对国外城镇污水治理成本的结构和水平进行比较分析

通过对国外污水治理成本和管理模式的优点、缺点和使用范围等情况进行分析和总结，找出污水治理成本和管理模式方面的可借鉴之处。

（四）对影响污水治理成本的结构和水平的因素进行分析

通过对影响污水治理成本水平和结构的因素分析，找出影响污水治理成本的关键因素和关键环节，并对现行污水治理成本的问题进行分析，确定不同发展阶段适合区域特色污水治理成本的政策和目标。

（五）利用 DEA 技术构建科学合理的污水治理服务效率评价模型，并进行实证分析

一是构建污水治理成本服务效率评价模型；二是利用模型对样本污水治理企业成本效率进行评价，并通过实际调研数据对污水治理成本水平模型和成本结构模型进行检验。

（六）提出污水治理成本管理的政策与建议

结合实证分析的结果和借鉴国外相关管理经验，在综合考虑影响中国现阶段污水治理成本的各种因素的基础上，提出污水治理成本管理的政策与建议。

二、研究方法

（一）问卷调查和实地调查法

通过选取调查样本，发放调查问卷和实地调查方法，获取一手资料和数据，掌握污水处理企业基本经营情况和成本数据，掌握污水投资数据。

（二）数量研究法

对调研数据进行分析，并用其验证污水质量成本结构和水平及服务效率评价模型。

（三）比较分析法

通过对国外污水治理成本和管理理论与实践进行对比分析，找出可借鉴之处；通过污水治理成本之间服务效率对比分析和模型验证，找出科学合理的污水治理成本结构和水平。

第二章

概念及理论基础

第一节　污水处理及成本相关概念

一、成本及相关概念

（一）成本

成本是生产和销售一定种类与数量产品已耗费资源用货币计量的经济价值。企业进行产品生产需要消耗生产资料和劳动力，这些消耗在成本中用货币计量，就表现为材料费用、折旧费用、工资费用等。企业的经营活动不仅包括生产，也包括销售活动，因此在销售活动中所发生的费用，也应计入成本。同时，为了管理生产所发生的费用，也应计入成本。同时，为了管理生产经营活动所发生的费用也具有形成成本的性质。成本是为达到一定目的而付出或应付出资源的价值牺牲，它可用货币单位加以计量。成本是为达到一种目的而放弃另一种目的所牺牲的经济价值。

（二）全成本

全成本理论是一种可以广泛应用于成本计算的经济模型，国外学者 Gaddis（2007）等运用全成本模型为美国沿海灾害做灾害预警和准备计划，认为全成本导致有价值资源实际消耗或收益影响的直接支持与间接支出的总和，传统的成本会计的全成本是指生成成本和期间费用的合计。全成本与传统成本的区别在于三个方面：（1）必须区分实际影响和利益影响。前者指的是导致有价值资源实际损失或收益的影响，而后者指的是价格变化导致的转移，价格变化增加了一些人的收入，但损害了其他人。（2）注意直接和间接的影响。直接影响更容易解释，在发生灾害的情况下，重点放在当地损失和近期重建费用上。间接影响，其中许多发生在区域、国家甚至国际范围，并可能延伸到遥远的未来，因此必须纳入灾害的全成本核算。（3）与任何间接影响的核算一样，必须设定一个界限或周期，以便不包括间接影响的指数增长列表，这些间接影响通常记录不佳，难以评估，并且成本可以忽略不计。

全成本强调某资源在整个生命周期内、在价值链各环节上的成本。水资源的全成本是指包括了水资源从提取、净化处理、分配、输送、利用、排放到最终污水处理的全过程，在这个过程中发生的所有成本之和，即完全成本，也称为社会成本或完全社会成本，它是全社会为利用水资源而付出的真实成本。污水处理企业的全成本主要包括治理成本、环境成本和机会成本。

（三）治理成本

治理成本随着中国城镇化进程的不断加快，水资源短缺和水污染问题将成为影响城镇发展的瓶颈因素。污水治理是城镇缓解水污染和保护水环境的重要途径。而污水治理成本不是一般意义上企业商品的成本，污水治理成本是政府在治理环境优化资源配置、企业维护可持续经营和消费者权益得到有效保护之间所要考虑的关键问题。

污水处理企业的治理成本，是指污水收集到污水处理企业生成符合标准的水资源整个过程所包含的成本，主要包括污水处理设备及管道的投资成本、污水处理企业运行成本和污水的收集成本等，众多因素都会影响污水处理成本，例如污水处理企业的位置、工艺、规模、水质和是否满负荷运行等。其中，投资成本主要是指污水处理企业按照设定的建设目标、建设规模、建设标准、发展要求和使用要求等建成并验收合格交付使用的全部财产。运行成本按照发生方式可分为生产成本和期间成本。生产成本是指污水处理过程发生的各项支出，包括人员工资、原材料、动力费、维护费和污泥处理处置成本等；期间成本是指为管理和组织污水处理企业运营而发生的费用，包括管理费用和财务费用。污水的收集成本是指用户产生污水到污水处理企业这个过程所产生的成本，主要是管道设施与相关设备的维护、人员工资以及相关动力费等。

（四）环境成本

人类发展观的变化以及传统会计的局限性等原因，20 世纪 70 年代开始一种前沿会计即环境会计研究应运而生。环境会计并不是孤立存在的，而是与已有的财务会计、管理会计存在着密切的交集。20 世纪 70 年代开始，西方会计界开始形成各种环境会计理论，但是中国从 20 世纪 90 年代才开始关注环境会计，各方研究出现了不同的环境会计定义。当前，国际上并没有环境会计的统一定义，通常认为环境会计是以货币为主要计量单位，辅之以其他计量手段，以与环境相关的法律法规为依据，记录并计量环境开发、防治、污染、利用等方面的成本费用，评估企业的环境活动和环境绩效对企业的财务状况和经营成果的影响，并向利益相关者提供企业环境信息的一门新兴会计学科。

1998 年，在奥地利交通运输部门专家的协助下，联合国国际会计和报告标准政府专家组第 15 次会议通过了《环境会计和报告的立场公告》。公告将环境成本定义为：环境成本是指本着对环境负责的原则，为管理企业活动对环境造成的影响而采取和被要求采取措施的成本，以及因企业执行环境目标和要求所付出的其他成本。迄今为止，国际上和中国环境会计界普遍接受联合国的环境成本定义。从联合国的该定义中可以看出，这个定义包括了以下三层内容：承担环境保护责任的主体是企业；环境成本核算的对象是企业为环境保护采取的预防措施和对环境影响后支出的费用；明确环境成本定义的目的是为了管理企业的活动对环境造成的影响并执行企业的环境目标。

（五）机会成本

机会成本（Opportunity Cost）是指把一种资源投入某一特定用途之后，所放弃的在其他用途中所能得到的最大利益。污水处理企业机会成本是污水处理企业为处理污水而放弃其他用途的成本，用机会成本来定义污水治理，意味着必须将未来所牺牲的收益计入成本。

污水处理的机会成本可分为内部机会成本和外部机会成本两部分。内部机会成本主要是污水处理企业投资成本、管网设备投资成本和运行成本。外部机会成本主要包括建设污水处理企业，以处理和利用污水，减少水污染，保护水资源。另外，污水以再生水的形式在用户之间循环使用，减少自来水的使用，节约水资源，为社会的可持续发展做出贡献，为未来使用水资源的用户创造效益。

（六）成本结构

成本结构是污水处理企业成本中各个成本项目的数额占全部工厂成本数额的比重，即成本的构成情况。一般用百分数表示。污水处理企业属于资本密集型企业，成本主要包括投资成本和运行成本。投资成本包括设计成本、建筑成本、安装成本、资金成本和调试成本等，其中建安成本比例高；运行成本包括电力、折旧、人工、药剂和维护等成本，其中电力成本比较高。如采掘业的产品成本结构，生产工人工资的比重较大。同样是污水处理企业由于生产技术水平的高低，成本结构也会受到影响。成本结构还会受生产类型和生产规模不同的影响。例如，大量生产企业的工资比重，比小批生产的企业一般要低些。自然条件的不同，以及企业生产经营管理水平的高低，也都会使成本结构发生变动。把企业当期实际成本结构与计划的、上期的或同行业的成本结构指标相比较，分析各成本项目比重的变动情况，可以了解企业在生产经营管理上取得的成绩或存在的问题，有利于寻求降低成本的途径。

二、污水处理费及相关概念

（一）污水处理

污水处理（sewage treatment 或 wastewater treatment）是为使污水达到排入某一水体或再次使用的水质要求对其进行净化的过程。污水处理被广泛应用于建筑、农业、交通、能源、石化、环保、城市景观、医疗、餐饮等各个领域，也越来越多地走进寻常百姓的日常生活。

按污水来源分类，污水处理一般分为生产污水处理和生活污水处理。生产污水包括工业污水、农业污水以及医疗污水等，而生活污水就是日常生活产生的污水，是指各种形式的无机物和有机物的复杂混合物，包括：（1）漂浮和悬浮的大小固体颗粒；（2）胶状和凝胶状扩散物；（3）纯溶液。

（二）污水处理费

污水处理费属于哪一类型的收费？根据中国现在的收费体制，收费主要分为行政性收费、事业性收费和经营服务性收费。在具体管理上分为行政事业性收费和经营服务性收费。行政性收费，是指国家行政机关为加强社会管理和经济管理而收取的费用。行政性收费标准，必须根据法律或法规确定。凡是国家行政机关行使管理职能、办理公务、履行签证手续，除国家规定外，一律不收费；确因管理需要所发证件、牌照和执照等，只收取直接消耗的工本费。事业性收费，是指不以营利为目的的服务或为弥补国家拨款不足所收取的补偿性费用。事业性收费，在坚持社会效益的前提下，本着补偿合理费用支出为原则，以提供的服务内容、受益程度、技术水平、事业发展需要和付费对象承受能力等因素制定收费标准。国家全额拨款单位，履行经济技术管理职能时，原则上不收费，如需发放证照的，以收回工本费为原则；国家差额补贴的单位，按以收抵支、弥补补贴不足的原则制定收费标准；没有国家补贴或拨款的，按以收抵支、略有结余的原则制定收费标准；实行企业化管理的单位，可参照经营性收费原则制定收费标准。经营性收费，是指以盈利为目的的经营性服务所收取的费用。经营性收费是按其提供服务的社会中等成本，加所纳税金和合理利润，考虑供需情况、相关行业比价、毗邻地区收费水平和政策要求等制定收费标准。对行政性、事业性和国家管理的经营性收费，实行收费许可证制度。凡是向社会收费的，必须经所在地物价部门审核批准，领取《收费许可证》和《收费员证》后，方可收费。行政事业性收费和经营性收费的区别：（1）在主体上的区别。行政事业性收费的征收主体主要是市政府机关或事业单位；经营性收费的征收主体是从事经营活动的企业性单位。（2）在属性上的区别。行政事业性收费本质是一个财政分配问题，体现国家与企事业单位以及个人之间分配关系，属于政府行为，具有一定的强制性；经营性收费属于价格范畴，体现商品或劳务买卖双方之间的交换关系，是企业行为，具有自愿性和竞争性。（3）在收入归属上的区别。行政事业性收费形成的收入属于政府财政收入；经营性收费所形成的收入属于团体或个人的收入，当然也应当缴纳税金。（4）在目的上的区别。行政事业性收费主要是体现受益补偿原则，在受益对象接受特定公共产品或服务时，适当负担一部分费用，其收入用于补偿或部分补偿提供管理或服务成本，不以营利为目的；而经营性收费是一种商品价格补偿，以盈利为目的，不仅要收回成本，而且要赚取利润，具有盈利性目的。

中国的学者对污水处理费是属于事业性收费还是经营性收费的认知不同。傅涛等认为，污水处理费是政府的事业性收费。其理由是从用水户者而言，污水排放不是一种商品或者服务形式的直接消费，治理环境污染的责任是政府，污水处理费从性质上看是环境水价，是用水户对一定区域内水环境损失的价格补偿，是政府财政支付环境补偿费不足部分的补充。补偿的尺度决定于城市排污总量与环境自净能力的差值，也决定于地方政府与用水者环境支付之间的责任分摊比率。"越是城市化程度高、人口密集的地区，环境自净能力越差，需要支付的环境水价会越高；地方政府财政选择性承担的环境责任越小，公众支付的环境水价会越高。地方政府如果以其他享受委托或授权社会企业承担污水处理设施的建设和运营责任，则是一种经济属性的商业委托，不能推卸政府固有的环境责任。环境水价收取的前提是地方政府拥有环境修复的财政不足，环境水价过低，将影响地方政府在环境领域的财政能力，从而加大政府对污水处理设施运营商进行商业支付的违约风险"（傅涛、常杪、钟丽锦；2006）。韩美认为，一些城市目前征收的排污费或污水处理费体现了外部成本，但它并不是完全意义上的外部成本，只是外部成本的一个方面，而完全意义上的外部成本应包括水污染造成的经济损失和恢复水环境的费用（韩美、张丽娜；2002）。广东物价局课题组认为污水处理费是污染物处置价格，是降低和消除污染物对环境的破坏，对污染物处置所支付的成本补偿费用。对污染物排放者来说，它体现了"污染者付费"的理念；对处置者来说，则体现了"保护者受益"的理念。属于补偿型环保价费体系，是强制污染者对排放污染做出补偿，促进生态保护（广东物价局课题组；2008）。傅平等认为，"完全成本水价最能够体现水资源的商品性，可促进水资源利用效率和实现水资源可持续利用。完全成本由水资源的机会成本、内部成本和外部成本构成。机会成本是水资源价值的另一种表述，相当于水资源价值；内部成本包括水文勘探和水质监测成本、水利工程和自来水基础设施的建设和运行维护成本；外部成本是指污水对环境损害的成本。在目前的实践中，水资源费、水利工程费、自来水处理费和污水处理费就基本构成了完全成本水价。污水处理费指为用户提供排水和污水处理服务而收取的费用，其目的是补偿排水和污水处理设施的建设、运行和维护管理成本，应包括税金和适当利润。它近似替代污水对环境损害的成本"（傅平、谢华、张天柱、陈吉宁；2003）。沈大军认为，"水管理由水资源管理、水服务管理和水环境管理三部分组成，水价的制定也应包括水资源费的制定，水服务（供水和污水处理）价格的制定和排污费的制定。水资源费是制定要体现的是合理开发利用水资源的经济激励，水服务价格的制定需要解决如何保障服务以公平、效率提供的问题，排污费只当面对的是如何合理利用水环境承载能力和水环境保护的问题。在其中，水资源费和排污费的制定属于社会和环境管理的范畴，水服务价格制定属于经济管制的范畴"（沈大军、陈雯、罗健萍；2006）。

以上观点可以分为两类：一类是认为污水处理本身是政府治理水污染问题，污水处理费是政府为了弥补其自身治理环境财政资金不足而向用户收取的不足部分的补偿费用，污水处理费是事业性收费；另一类则认为污水处理和供水一样，是政府向用户收取的水服务（包括供水服务和污水处理服务）的费用，是经营性收费。从中国现有的污水处理费改革文件中可以看出，污水处理费将从事业性收费转变为经营性收费。

在现实中，可以根据污水处理厂投资与运作情况来区分，如果污水处理厂是全部由政府投资，由政府经营管理，按照行政事业收费；如果有些污水处理厂按照市场化经营，企业化管理，按照经营服务性收费。例如，珠三角地区地级以上市城区按行政事业性质收费的 1.00 元/立方米，按经营性质收费的 1.30 元/立方米；县城和建制镇按行政事业性质收费的 0.90 元/立方米，按经营性质收费的 1.20 元/立方米。东西北地区地级以上市城区按行政事业性质收费的 0.90 元/立方米，按经营性质收费的 1.20 元/立方米；县城和建制镇按行政事业性质收费的 0.80 元/立方米，按经营性质收费的 1.10 元/立方米。

从以上例子可以看出，污水处理厂家的不同投资主体、不同运作方式，污水处理费的性质不同。

另外，污水处理费和排污费不同。排污费是强制排污单位对其已经或仍在继续发生的环境污染损失或危害承担的经济责任，由环境保护行政主管部门代表政府，依法向排放污染物的单位强制收取费用。它包括排污费和超标排污费，是排污者应当履行的法定义务，属于行政事业性收费。《排污费征收使用管理条例》第二条规定，排污者向城市污水集中处理设施排放污水、缴纳污水处理费用的，不再缴纳排污费。从法律规定可以看出，两者并不能完全等同。免缴排污费的条件是排污者向城市污水集中设施排放污水并缴纳污水处理费。如果排放的污水超过国家或地方规定的污水集中处理设施接纳标准的，在缴纳污水处理费用的同时，还应缴纳超标排污费。对于排放污水达到污水集中处理设施接纳标准的，则不再征收超标排污费。

（三）公共事业价格

公用事业价格也称为公用事业收费，主要包括公共交通、邮政、电信、城市供水排水、热力、供电、供气等价格。

城市和乡镇中供居民使用的电报、电话、电灯、自来水、公共交通等企业的统称广义则包括涉及城市供水、市政公用设施、公交车、出租车、户外广告、市容、环卫、园林绿化、公厕、路灯、燃气、广场、下水管道、城市养犬、市政工程管理在内的所有企事业单位。

公用事业价格是更多地将污水处理从公共物品的角度来考虑其定价的问题。

（四）污染者付费原则

污染者付费原则最初确立于 1972 年，由经合组织环境委员会以债券理论为基础确立关于环境法的基础性原则，后来这一原则被广泛应用于各国的污染防治当中并成为法律制度。我国财政部等部委 2014 年印发并于 2015 年实施《污水处理费征收使用管理办法》，该法规总则第三条明确规定，污水处理费是按照"污染者付费原则"由排水单位和个人缴纳并专项用于城镇污水处理设施建设、运行和污泥处置的资金。

污染，是指社会主体通过向自然生态环境以各种方式排放废弃物，其排放物数量和浓度超过了自然生态环境的容纳和自净能力，结果是生态被破坏并不断恶化，并给人类健康、生物多样性以及相关生态系统带来损害，这就是污染。由于这种现象的发生是不以人意志为转移的，因此污染的存在具有客观性。"污染者"付费原则的关键在于污染者的界定、生态环境质量标准的确定以及污染物排放的控制标准的制定。"污染者"的界定，主要依据其排放行为是否给自然生态环境污染或是使生态环境退化，即是否造成了环境损害。据此，如果某社会主体向生态环境排放废弃物但并未造成该生态环境系统的污染，即其排放标准处于该环境质量标准之下，则该行为不构成污染，该社会主体就不是污染者。如果废弃物生产者将废弃物委托给专业处理机构（例如某企业直接将废水排放给污水处理企业）处理，则该生产者不属于污染者；倘若该处理机构处理后的排放物不会给环境带来损害，这样也不构成"污染者"。以中国 2002 年颁发的《地表水环境质量标准》为例，该标准是由中国环境科学院、国家环保局科技标准司制定，根据地表水水域环境功能和保护目标，按功能高低依次划分为五类。其每一类都代表了处于该类的地表水的功能适用范围，即水质的可接受状态。

污染者付费原则的核心思想是污染者要对其造成生态损害效应的行为承

担全部责任，即污染者要承担对污染的预防、污染治理成本、生态环境修复费用以及对环境损害的赔偿等全部费用，而不是部分费用。

第二节 相关理论

一、服务效率

企业服务效率，是指企业服务资源投入与企业服务效果产出的比率以及企业服务资源分配的有效性。

效率首先是一个经济学范畴，是指资源的投入与产出的比率。效率无疑具有经济的正当性，它是经济行为的直接目的，任何经济行为都是为了获得一定的效率。然而，如果离开了哲学伦理学的语境，人们对是否符合效率的评价将是随意的、不完整的，因此，效率也是哲学和伦理学研究的一个重要范畴，效率具有深刻的哲学意蕴和伦理内涵，即效率还具有道德的正当性。效率的价值判断是相对于非效率而言的，因此，哲学伦理学所研究的效率是指符合人类社会发展规律和目的的合理的资源配置，是合规律性与合目的性的统一，是公正与和谐的效率。

所谓企业服务，就是指企业通过提供服务产品（即以非实物形态存在的劳动成果，主要包括第三产业部门中一切不表现为实物形态的劳动成果）的方式满足社会需要的过程。企业服务是一种与伦理道德有着密切关系的服务实践活动。企业服务作为一种经济行为是以效率为生命的，而是否符合伦理的效率将直接影响着企业的生存和可持续发展。因此，企业服务效率应当是符合伦理的、公正和谐的效率。所谓企业服务效率，是指企业服务资源投入与企业服务效果产出的比率以及企业服务资源分配的有效性。企业服务效率是联系企业服务资源和企业服务效果的核心环节，企业服务效率的提高可以在保持企业服务效果不变的前提下节省企业服务资源，从而使企业有可能避免预支过多的服务能力，而将更多的精力放到企业的长远和可持续发展上。企业服务效率的价值由价值客体、价值主体和客体满足主体的程度三个要素组成，由此可以引申出与此三要素分别联系的企业服务效率的三重价值维度，即"何种服务效率""谁的服务效率""怎样的服务效率"。

"何种服务效率"的价值客体是企业服务效率的价值维度的前提和基础。符合伦理的企业服务效率，意味着企业服务行为应该只以较少的企业服务资源投入就能获得良好的企业服务效果和利益，包括经济利益、社会利益和生态利益。因此，企业服务效率应当是企业服务的经济效率、社会效率和生态效率的统一。

企业服务经济效率，是指企业的服务行为以较少的服务资源投入能获得较好的服务效果和较高的经济利益。从哲学的视野来看，经济效率不仅是经济学的目标，更多的是作为人类社会所追求的重要目标而存在，这是其价值性的直接体现。企业服务效果即企业创造的服务价值，它应当体现企业服务经济效率的伦理价值蕴含。从企业发展的长远目标来看，企业服务经济效率包含于企业服务社会效率之中，并构成其重要方面。但是一般而言，社会效率是指除经济效率以外对社会生活有益的效果。企业服务效率要求企业服务不仅要有经济效率，而且要讲社会效率。此外，企业服务效率还包含生态效率。在社会生产力和科学技术迅速发展的今天，人类对自身赖以生存和发展的生态环境的破坏日益严重，寻求人与自然的和谐发展是人类摆脱生态和环境危机、构建和谐社会的唯一出路。企业服务作为人类的一种经济实践活动，可以在节约资源，降低社会成本等方面做出贡献。同时，企业服务的伦理精神应当将人文关怀的对象从企业服务消费者扩大到人类社会以至整个自然界。

企业服务的经济效率、社会效率、生态效率虽然相互区别，但三者又是统一的。良好的经济效率是企业生存和发展的基础，它能为企业的社会效率、生态效率的取得提供物质条件。然而，如果企业的社会效率、生态效率不好，其经济效率最终也必将受损，良好的社会效率和生态效率能够促进经济效率的提升。企业服务主体在处理经济效率、社会效率、生态效率的关系时，应努力追求三者的同步增长，实现三者的和谐统一。当三者发生矛盾时，应当从全局出发协调彼此的关系。从总体上说，经济效率应该服从社会效率和生态效率，这对于企业的长远发展，对于构建和谐的经济社会都具有重要意义。

"谁的服务效率"的价值主体是企业服务效率的价值维度的核心。对企业服务效率的价值主体性的追问，实质上就是要考察企业服务效率获得的目的（为了谁）的伦理合理性。

对企业服务效率进行伦理价值考量，首先要追问这种考量是否具有必要性。作为人的有目的的实践活动，企业服务是人们创造服务产品的劳动过程，目的是满足各自的需要。这种服务劳动实践过程无疑应该是有效率的，若没有效率，服务劳动就不能丰富和发展，从而就会失去目的性这一人的任何行为都必然具备的基本特点。所以，企业服务效率是企业服务行为内在的目的性规定。在企业服务过程中，企业主体通过相互的经济交换行为结成各种服务协作关系，其目的也是为了取得服务效率。正因为企业服务效率涉及企业服务主体的目的，所以它就不会与价值无涉。

既然企业服务效率的伦理价值考量是必要的，那么就可以追问企业服务效率的目的在伦理上的正当性，也就是说，这种效率到底是为了谁。服务本质上是人与人之间的一种社会交换关系，企业服务行为就是要高效率地协调人与人之间的经济服务关系，以实现企业服务主体的目的和需要。因此，企业服务效率必然内含着人与人之间的关系，这就为追问企业服务效率的目的和意义提供了可能性。

关于效率的目的问题，伦理学史上功利论或目的论与义务论或道义论之间一直就存在不同的看法。在功利论者看来，效率问题等同于目的问题，"伦理学被缩减成了最大的快乐之目的对资源所进行的最佳的分配"。而"义务论则过于强调行为动机的纯洁性与正当性和道德原则与规范的形式合理性，认为效率必须合于道义才是合理的，从而导致效率与道德的通约可能性被人为地增加了过于苛刻的条件，试图获得效率的经济主体的行为在道德原则面前，在很大程度上是没有多少回旋余地的"。由此看来，考察企业服务效率的目的，既不能单纯依据功利论或目的论，也不能单纯依据义务论或道义论。功利论和义务论实际上是把经济效率和伦理道德完全对立起来，片面和错误地理解了人的本质需要。人的本质需要，是指为了满足人的本质发展所产生的需要，包括创造和发展物质资料的需要以及创造和发展精神生活的需要。人的需要，从本质上来说，是要通过人的劳动创造来满足，这也使得人的需要必然决定于生产和社会的发展。物质生产不仅决定需要的内容和满足需要的方式，而且产生了新的需要。"已经得到满足的第一个需要本身、满足需要的活动和已经获得的为满足需要用的工具又引起新的需要"。因此，人的需要本质上是社会性质的需要。马克思指出："我们的需要和享受是由社会产生的，因此，我们对于需要和享受是以社会的尺度，而不是以满足它们的物品去衡量的。因为我们的需要和享受具有社会性质。"人的本质需要，随着物质资料生产的丰富和发展而不断丰富和发展。事实上，无论是物质利益还是伦理道德，都必须服从人的本质需要这一目的，只有人的本质需要才能作为终极价值，才是企业服务效率目的的价值评判标准。企业服务效率作为企业服务主体的目的，从根本上说是为实现企业服务主体的本质需要服务的，即不断创造和丰富企业服务产品，不断提升企业服务的精神层次和境界。

"怎样的服务效率"是企业服务效率价值的最终归属，它关涉企业总体资源分配效率、企业服务资源分配效率、顾客服务深度选择效率的价值维度的问题，实质上就是企业与其总体资源配置效率、企业服务对象与企业服务资源之间的利益分配效率、企业服务生产者与企业服务消费者的素质能力效率的价值维度的问题。在这三重考量维度中，企业与其总体资源配置效率、企业服务对象与企业服务资源之间的利益分配效率是前提和基础，企业服务生产者与企业服务消费者的素质能力效率的发展是根本目的。

第一考量维度：企业与其总体资源配置效率，是企业创造和利用企业资源的高效配置的和谐关系。"任何一个企业所拥有的总资产、所能雇佣的员工、所能形成的社会关系都是有限的，为了维持企业的正常发展，企业需要将这些资源分配给生产、营销、财务、人力资源管理、服务等不同的环节和部门。"在现实中，企业服务资源的总体最优配置不会自动实现，这就需要企业运用其管理权力来执行企业服务资源的配置，以实现企业总体资源的高效配置，维护企业的平衡运转。这是企业与其总体资源的"物我关系"本身所要解决的资源配置效率的价值问题。

第二考量维度：企业服务对象与企业服务资源之间的利益分配效率，是在互利的价值关系基础上展开的。企业为了获得最大的利润，必然要求服务部门对其所控制的服务资源进行再分配，对那些为企业提供较多利润的顾客分配更多的服务资源，这就有可能导致服务对象受到差异化的对待。而企业与其服务对象之间的利益取向如果背离了平等互助，就不能称之为有效率。顾客需要的无限性与企业服务资源的有限性的矛盾，要求企业服务的效率价值取向要符合伦理的正义。企业服务对象与企业服务资源之间的利益分配效率价值指向促使利益主体平等互助、共同发展的伦理目标。在实践中就要求企业一方面不断提高自身的服务能力，增加服务资源配置；另一方面不断改进服务流程的设计，优化服务管理。

第三考量维度：企业服务生产者与企业服务消费者的素质能力效率，即每一服务个体获取的"生存状态条件与付出的时间比例上是合目的、高效的。个体素质能力效率所追求的是个体的快乐、幸福、尊严、创造、成功和自由等价值目标的高效实现"。企业在服务资源有限的情况下，不可能为顾客提供无限深度的服务。那么针对不同的服务对象，企业服务者到底为他们提供多少服务，提供哪些服务，即选择什么样的顾客服务深度？解决这一问题的关键在于企业服务生产者要能够为企业服务消费者提供个性化的、精神性的服务，以最大限度地满足服务消费者的需要。企业服务双方在追求人性化和伦理化的服务过程中，共同实现个体素质能力效率的最大化。

在有效率的企业服务过程中，企业服务生产者和企业服务消费者没有高低贵贱之分，是自由的、平等的经济主体，他们之间是相互尊重、相互承诺、相互协作、相互影响的。这种相互尊重、相互承诺、相互信用、诚实公平的良好氛围，将促使企业服务生产者和企业服务消费者个体创造、成功、自由等价值目标的高效实现，促使企业服务实践主体向着自由全面发展的自由人道德境界不断迈进，最终实现"通过人并且为了人而对人的本质的真正占有"。

斯蒂芬·帕尔默将效率定义为通过合理的安排，利用系统内部有限的投入，最终实现效率最大化，从而达到产出最大化的目的。因此，根据斯蒂芬·帕尔默对效率的定义，服务效率是在有限的资源投入水平下实现的最佳产出。污水处理企业的服务效率是综合效率，用最少的投入达到最大的产出水平，即在一定的投入水平下，达到最大的产出。根据规模经济理论，企业产品绝对量增加时，其单位成本下降，即污水处理企业会随着污水处理量的增加，其单位污水的处理成本会下降，投入的下降与污水处理量的增加，污水处理企业的服务效率会提升。

二、规模经济

从经济学说史的角度看，亚当·斯密是规模经济理论的创始人。亚当·斯密在《国民财富的性质和原因的研究》（简称《国富论》）中指出："劳动生产上最大的增进，以及运用劳动时所表现的更大的熟练、技巧和判断力，似乎都是分工的结果。"斯密以制针工厂为例，从劳动分工和专业化的角度揭示了制针工序细化之所以能提高生产率的原因在于：分工提高了每个工人的劳动技巧和熟练程度，节约了由变换工作而浪费的时间，并且有利于机器的发明和应用。由于劳动分工的基础是一定规模的批量生产，因此，斯密的理论可以说是规模经济的一种古典解释。

真正意义的规模经济理论起源于美国，它揭示的是大批量生产的经济性规模。典型代表人物有阿尔弗雷德·马歇尔（Alfred Marshall）、张伯伦（EH Chamberin）、罗宾逊（Joan Robinson）和贝恩（JS Bain）等。马歇尔在《经济学原理》一书中提出："大规模生产的利益在工业上表现得最为清楚。大工厂的利益在于：专门机构的使用与改革、采购与销售、专门技术和经营管理工作的进一步划分。"马歇尔还论述了规模经济形成的两种途径，即依赖于个别企业对资源的充分有效利用、组织和经营效率的提高而形成的"内部规模经济"和依赖于多个企业之间因合理的分工与联合、合理的地区布局等所形成的"外部规模经济"。他进一步研究了规模经济报酬的变化规律，即随着生产规模的不断扩大，规模报酬将依次经过规模报酬递增、规模报酬不变和规模报酬递减三个阶段。

此外，马歇尔还发现了由"大规模"而带来的垄断问题，以及垄断对市场价格机制的破坏作用。规模经济与市场垄断之间的矛盾就是著名的"马歇尔冲突（Marshall'sdilemma）"。他说明企业规模不能无节制地扩大，否则所形成的垄断组织将使市场失去"完全竞争"的活力。之后，英国经济学家罗宾逊和美国经济学家张伯伦针对"马歇尔冲突"提出了垄断竞争的理论主张，使传统规模经济理论得到补充。

传统规模经济理论的另一个分支是马克思的规模经济理论。马克思在《资本论》第一卷中，详细分析了社会劳动生产力的发展必须以大规模的生产与协作为前提的主张。他认为，大规模生产是提高劳动生产率的有效途径，是近代工业发展的必由之路，在此基础上，"才能组织劳动的分工和结合，才能使生产资料由于大规模积聚而得到节约，才能产生那些按其物质属性来说适于共同使用的劳动资料，如机器体系等，才能使巨大的自然力为生产服务，才能使生产过程变为科学在工艺上的应用"。马克思还指出，生产规模的扩大，主要是为了实现以下目的：（1）产、供、销的联合与资本的扩张；（2）降低生产成本。显然，马克思的理论与马歇尔关于"外部规模经济"和"内部规模经济"的论述具有异曲同工的结果。新古典经济学派则从生产的边际成本出发，认为只有当边际收益等于边际成本时，企业才能达到最佳规模。

美国第一个诺贝尔经济学奖得主（1970年）保罗·A.萨缪尔森（Paul A Samuelson）在《经济学》一书中指出："生产在企业里进行的原因在于效率通常要求大规模的生产、筹集巨额资金以及对正在进行的活动实行细致的管理与监督。"他认为："导致在企业里组织生产的最强有力的因素来自于大规模生产的经济性。"从传统成本理论观点看，随着企业规模的扩大，在大规模经济规律的作用下，企业生产成本将不断降低，直到实现适度生产规模。如再继续扩大规模，则会因管理上的不经济而导致成本增加。

对此，美国哈佛大学教授哈维·莱宾斯坦（Harvey Leibenstein）进行了深入探讨，并提出了效率理论。哈维在"效率配置和效率"一文中指出：大企业特别是垄断性大企业，面临外部市场竞争压力小，内部组织层次多，机构庞大，关系复杂，企业制度安排往往出现内在的弊端，使企业费用最小化和利润最大化的经营目标难以实现，从而导致企业内部资源配置效率降低，这就是"X 非效率"，也就是通常所说的"大企业病"。"X 非效率"所带来的"大企业病"，正是企业发展规模经济的内在制约。

美国著名企业史学家钱德勒（Alfred D Chandler）在《看得见的手》一书中也指出："当管理上的协调比市场机制的协调带来更大的生产力、较低的成本和较高的利润时，现代多单位的工商企业就会取代传统的大小公司。"以科斯为代表的交易成本理论阐明了企业代替市场机制组织交易条件下，管理对规模经济的贡献。企业管理水平越高，则在相同生产条件下，管理成本越低，从而企业规模扩张程度就可以提高。可见，交易成本理论不仅是现代企业理论的核心，同时也是规模经济理论的重要发展。规模经济理论的经济总结为：

（1）规模经济理论告诉我们，通过购并活动实现规模报酬递增的原因，必然是由于企业生产规模扩大所带来的生产效率的提高。表现为：生产规模扩大以后，企业能够利用更先进的技术和机器设备等生产要素；随着对较多的人力和机器的使用，企业内部的生产分工能够更合理和专业化；人数较多的技术培训和具有一定规模的生产经营管理，也都可以节约成本。但是随着规模的继续扩大，生产的各个方面难以得到协调，从而降低了生产效率，表现为长期平均成本曲线先下降后上升的趋势。

规模经济理论实质上是规模经济的工厂模型，反应的是投入与产出关系，这一模型反映的是工厂的技术经济条件，体现技术规律的要求，而企业在购并的过程中并不是以产出最大化为最终目的，即使是实现了最优的投入产出比也不是企业理想中的规模经济，因为作为一个理性的厂商，他的最终目的是追求利润最大化，但是无论如何，生产中的规模经济也是实现利润最大化的必要步骤之一。

（2）理论界认为规模经济至少包括三个层次，即工厂模型和众多企业在局部空间上的集中而产生的聚集经济，还有就是下文将要谈到的范围经济。聚集经济是由外部性所引起的，表现为长期平均成本曲线的平移，外在经济使长期平均成本曲线向下平移，成本节约。外在经济产生的原因是由于厂商的生产活动所依赖的外界环境得到改善而产生的。

何谓聚集经济，即经济活动在空间上呈现局部集中特征，这种空间上的局部集中现象往往伴随着在分散状态下所没有的经济效率，产生了企业聚集而成的整体系统功能大于在分散状态下各企业所能实现的功能之和。我们把这种因众多企业的空间聚集而产生的额外好处，称为聚集经济。属于不同产业部门的众多企业之所以会在某一局部空间上聚集，并形成聚集规模。通常也正是由于该空间点上存在着一家或若干家核心企业，这些企业所利用的正是该核心企业给它们带来的外部经济好处。聚集规模经济的存在对单个企业的规模扩张的作用是双重性的：一方面，当聚集经济表现为正的外在经济时，由于众多企业彼此都享受着外在经济的好处，即外部市场的交易费用是较低的，此时单个企业并不存在规模扩张的客观需要。而是产生了组织分化的倾向，即把企业组织内部的某些职能分化出去，通过外部市场交易来完成。另一方面，当聚集经济表现为负的外在经济（也称外在不经济）时，由于外部市场的交易费用较高，此时，聚集可能会诱使企业之间进行纵向一体化或横向联合，即产生组织整合的倾向，即企业规模将趋于扩大。

（3）建立在多样化经营基础上的规模经济，我们称之为范围经济。企业生产所面临的最大制约就是市场容量不足，生产极易出现过剩。产业内的激烈竞争对企业形成一种强大的外在压力，迫使企业千方百计地去寻求新的花色品种、新的使用功能、新的制造工艺。企业的这种追求竞争优势的行为是通过开展 R&D（研究与开发）活动来实现的，其最终结果则是形成了企业多元化经营和企业规模的扩张。但因此而导致的规模扩张必须注意购并企业与被购并企业产品之间的关联性，这样才能产生范围经济，而且许多表面上无关的产品实际上具有关联性。例如，华为建立在其无线电通信技术专长之上的核心竞争力，使其不仅在核心业务交换机等通信产品中享有持久的优势地位，而且在其他相关产品等领域也遥遥领先。

以上三个理论都以购并后的生产能力为核心展开探讨，忽视了有效规模是在工厂规模经济条件下，由经营和管理等能力所决定的一个区间规模，并且受到市场的制约，利润率的最大化不仅需要成本最小化的支持，也需要企业控制好财务结构和财务费用，还要发挥对市场的影响力，争取价格自由等。规模经济最终必须以资本利润率的形式表现出来，检验企业规模经济与不经济的最后标准是资本利润率。以下两个理论则涉及这方面的因素。

（4）在正统经济学——新古典经济学，无论市场交易还是企业内的交易都被假设是瞬间完成的，这意味着交易活动是不稀缺的，"交易费用"为零。

科斯在"企业的性质"一文对这样的假设作了典范性的突破。在这篇论文里，科斯回答了他自己一直迷惑不解的问题：企业的起源或纵向一体化的原因。为了解释这个问题，科斯提出了"交易费用"的概念。这一概念的首要含意是：交易活动是稀缺性的，可计量的，也是可比较的，因而可以纳入经济学分析的轨道。企业之所以会产生，主要是由于单个的私产所有者为了更好地利用他们的比较优势而必须进行合作生产。由于合作生产的总产品要大于他们分别进行生产所得出的产品之和，这样每个参与合作生产的人的报酬也比分散生产时更高。企业的存在是为了节约市场交易费用，即用费用较低的企业内交易替代费用较高的市场交易，企业的规模被决定在企业内交易的边际费用等于市场交易的边际费用那一点上。相继生产阶段或相继产业之间是订立长期合同，还是实行纵向一体化，则取决于两种形式的交易费用哪个更低。

（5）由"木桶理论"可引出这样的推论：一个企业的发展受多种因素的影响，企业发展必须关注"瓶颈"环节，即找到最短的一块木板，只有做长了那块木板才可增加木桶的盛水量。如果将各项因素看成是支撑整个企业管理运作的平台，那么各部分能力的强弱失调，必将使得整个企业管理陷入混乱之中。快速做长短板子的最好方法是整合，整合可以在内部进行，也可以在外部展开，比较而言，内部整合更为平稳。但长时间的以内部生产要素为改造重点的工作基本完成之后，单个企业所能挖掘的资源也将逐渐枯竭，最典型的表现就是面对"短板子"而没有做长的材料和能力。所以，应转变思路，通过外向整合对全社会乃至全球的经营资源进行更加合理的配置和集成，依靠大环境上台阶，无疑是一种更为有效的思路和方法。

根据规模经济理论，可以找到企业实现生产中的规模经济的有效途径，即通过购并活动使其资产、管理能力等得到最有效的利用，从而得到不断下降的 LAC 曲线。但是 LAC 曲线下降到最低点以后开始上升，这说明作为特定的企业的生产规模不是可以无限扩张的，适宜的生产规模受到购并后企业资产存量、管理能力、人员分工等因素的限制，所以生产规模一旦超出了最优状态，就会出现规模不经济。在大多数行业的生产过程中，企业在得到规模内在经济的全部好处之后，规模内在不经济的情况往往要在很高的产量水平上才会出现，所以大型企业之间的购并要考虑购并后是否会出现规模不经济的问题。中小企业要实现生产中的规模经济，通过购并扩大生产能力确实是一个好办法。但购并需要成本，中小企业往往存在资金瓶颈，在存在聚集经济的情况下，中小企业也可以实现规模经济，这时可不用进行购并活动。

　　然而作为理性的经济人，企业的一切行为都是追求利润最大化，购并行为也不例外。生产中的规模经济未必能带来利润的最大化，它受到市场容量以及企业的其他能力的制约。即使实现了生产中的规模经济，如果市场容量有限，产品难以卖出，则难以实现利润最大化，在这种情况下，企业只有不断变换产品的品种、花色来满足市场的需求。为了实现范围经济，企业可以加强研发而对产品进行不断创新，或者购并其产品与本企业产品具有关联性的企业。到底是自主研发还是购并则取决于交易费用，如果企业内交易费用小于市场交易费用，那么就购并；如果企业内交易费用大于市场交易费用，则自主研发。同样，前面所谈到的聚集经济问题，聚集经济是由外部经济所引起的，外部经济的本质就是节约了市场交易费用。如果企业生产活动所依赖的外界环境恶化了，从而提高了市场交易费用，这时进行购并又有了必要，企业可以通过上下游企业之间的购并实现产业一体化，从而节约交易费用并实现规模经济。

　　企业的规模经济除了受到市场容量的制约以外，还受到企业的管理能力、财务实力、市场营销等能力的制约。很简单，如果管理水平跟不上，那么过大的规模只会造成管理混乱且降低效益；营销渠道不够多，过大的规模就会造成产品积压；研发能力差，再大的规模、再多的产品也提供不了更强的发展后劲，反而造成过高的退出成本；财务实力差，资金短缺，正如人会贫血一样，规模的过度扩张必然导致企业的贫血；正像木桶中的水容量只取决于长度最短的那一根木板一样，企业的效率也取决于效率最差的那一环节。所以企业在购并过程中，要综合考虑各方面因素谨慎地进行决策。

　　竞争是市场经济的主旋律，而市场经济运行的主体是企业，因此，对企业竞争力的研究成为当代经济学发展的重要分支。真正系统、完整地将竞争作为专门领域进行研究并卓有成效的学者当推美国哈佛商学院教授迈克尔·波特的著名"三部曲"——《竞争战略》（1980 年）、《竞争优势》（1985年）和《国家竞争优势》（1990 年），书中以创造性的思维提出了一系列竞争分析的综合方法和技巧，为理解竞争行为和指导竞争行动提供了较为完整的知识框架。波特认为，竞争优势归根到底来源于企业为客户创造的超过其成本的价值。竞争优势的两种基本形式是成本领先和差异化。或者说，一个企业所具有的优势最终取决于企业能在多大程度上对产品的成本和歧异性有所作为。据此，波特提出了企业成功的三种基本战略，即总成本领先战略、差异化战略和目标集聚战略。

企业竞争力是企业在经济竞争中比竞争对手更有效地获取资源和市场的能力，是企业素质在市场上的综合体现。规模经济对企业竞争力的贡献表现为：具有规模经济的企业不仅可以降低成本，提升成本优势，同时也为建立差异优势奠定了基础。因为只有一定的资产规模才能保证企业研发、服务、广告等的费用投入，并且只有较大的生产规模和市场规模才能分摊、消化这些费用，从而降低产品的单位成本，使顾客价值上升。尤其是面对越来越昂贵的高新技术产品研发费用，迅速缩短的产品寿命周期，要求更高的产品特色与服务等，都使得企业在建立成本优势和差异化优势的各种价值活动中必须通过内部规模经济和外部规模经济获得支持。换言之，规模经济使企业竞争优势获得多种驱动因素的支撑，从而使竞争优势更强、更持久，为迅速提升并维持企业的综合竞争力提供必要条件。

此外，根据波特对产业内五种基本竞争作用力（潜在进入者、替代进入者、供方、买方及产业内竞争者）的分析，对一个特定产业而言，规模经济还直接决定了产业进入威胁的大小。规模经济越明显的产业，进入壁垒也越高。因为它迫使进入者或者一开始就以大规模生产并承担原有企业强烈抵御的风险，或者以小规模生产而接受产品成本方面的劣势。而且，规模经济还直接决定了买、卖双方的议价能力。总之，尽管影响或支撑企业竞争力的因素有很多，但能否确保规模经济始终是企业竞争力高低的重要基础。追求规模经济也成为现代企业提升与维持竞争力的重要手段。

最优经济规模的确定包括的因素为：（1）根据普遍因素确定企业的技术经济规模；（2）公倍数原则；（3）一项关键设备的出力原则；（4）确定企业规模经济曲线，得出随着工厂规模的每一变化，单位产品生产成本上升或下降的幅度；（5）根据地理因素确定具体地区的工厂的最优规模。

三、管制经济

自由放任的思想在西方经济学发展史上一直占据主导地位。以亚当·斯密为代表的古典经济学家认为，在"看不见的手"的调节下，供求决定了生产什么，生产多少和如何生产？当个体在追求个人利益时，就像被一只看不见的手所引导去实现公众的最佳福利。这只"看不见的手"就是市场价格机制。价格机制是在竞争过程中，与供求相互联系，相互制约的市场价格的形成和运行机制。价格机制是在市场机制中最敏感，最有效的调节机制，价格的变动对整个社会经济活动有十分重要的影响。商品价格的变动，会引起商品供求关系变化；供求关系的变化，又反过来引起价格的变动。市场以价格为依据，并以此作为最重要的经济信号引导社会的资源配置，实现资源配置的"帕累托最优"。在完全竞争条件下，政府对自由竞争的任何干预都必然有害，政府在经济中只需要扮演"守夜人"的角色。完全竞争市场理论的假设前提过于苛刻，在现实中是不可能全部满足的。由于垄断、外部性、信息不完全和在公共物品领域，仅依靠价格机制来配置资源无法实现效率——帕累托最优，出现了市场失灵。

经济学家分别从不同的角度对市场失灵进行了分析，如巴托（Baor，1858）。植草益（1992）、查尔斯·沃尔夫（1994）、斯蒂格利茨（Stiglitz，1998）、尼古拉·阿克苏塞拉（Nicola Acocella，2001）、萨拉·科诺里（Sara Connlly，2003）、史普博（1999）等。由于公共物品、自然垄断、外部性和信息不对称等方面引起的市场失灵导致了过度的环境污染、失业、贫富两极分化等社会经济问题，为了弥补市场失灵，政府需要表现出一种"对弱者公平的人类同情心"。即当基于个体利益并且有市场机制所支配的私人行动证明不适当的时候，应当对市场进行干预，即政府管制。所以政府干预市场价格机制成为资源配置的另一种选择，也为政府管制经济提供了内在的合理性。

（一）公共物品

物品可以分为私人物品和公共物品两大类。私人物品的价格是在市场竞争中形成的，而公共物品是一种提供给某个消费者使用而旁人不必另付代价可同时得到享用的商品和劳务。也可以说是那些为社会公共生活所需要、私人不愿意或无法生产，而必须由政府提供的产品或服务。一般来说，公共物品具有两个重要的特征"非竞争性"（Non – competing）和"非排他性"（Non – exclusive）。非竞争性，是指一个人的消费并不减少其他消费者的可用量，即对于任何一个给定的公共物品的产出水平，增加额外的一个人消费该产品不会引起产品成本的任何增加，即消费者的人数的增加所引起的产品边际成本等于零，这主要源于公共物品的不可分割性。非排他性，是指只要某一社会存在公共物品，就不能排除该社会任何人消费该物品，这是因为在技术上根本无法排斥消费者对它的使用，或者对消费者进行收费的成本过高。公共物品的排他性表明，要采取收费的方式限制任何一个消费者对公共物品的消费是很困难的，甚至是不可能的。任何一个消费者都可以免费消费公共产品。

根据公共物品的定义以及特征，可以将公共物品分为两类：纯公共物品和准公共物品。纯公共物品具有完全的非竞争性和完全的非排他性，准公共物品具有局部非竞争性和局部的非排他性。（1）纯公共物品比较少见，国防和灯塔通常被认为是典型的纯公共物品。国家向其所有居民提供一定水平的国防安全，这个国家的任何居民都可以享受到国防安全带来的好处，具有非排他性，并且在一个既定的国家里，多增加一个居民，不会影响其他居民对国防的消费，也不会增加国防的成本。在海上，航标灯一档建立起来，所有过往船只（不管他是否付费）都可以享受到灯塔发出的光，因为要排除付费的船只使用的灯塔上发出光是很困难的，这就是灯塔的非排他性。另外，增加过往船只的梳理并不需要增加额外的修建和维护灯塔的成本，即灯塔的非竞争性。污水处理服务也是纯公共物品，因为污水处理使城市水环境变得清洁优美，良好的水环境是城市中人人都可以享受的，要排除没有交污水处理费而享受良好的水环境的人是很困难的，不具有排他性；污水一般是居民和企业使用后排出的，所以也不存在竞争，更谈不上消费。从严格意义上说城市污水处理是纯粹的公共物品。（2）准公共物品。准公共物品存在两种不同的类型：第一类型是具有排他性和非竞争性的公共物品，例如闭路电视，它是非竞争性的，因为每个人都消费并不减少另外一个人的消费，但他又是排他性的，只有那些付得起，并且已经付了闭路电视费的消费者才能使用。第二类是非排他性但具有竞争性的物品。一条拥挤的街道就是一个很好的例子，任何人都可以使用这条街道，但是一个人的使用会减少另外一个人的可用性；或者说多增加一辆车的边际成本就相当的高，这种成本反映在更慢的交通速度和更高的车祸危险上。同样，城市供水也是准公共物品。城市的水消费具有竞争性，不过，这种竞争是有限的，在一定的消费容量下，每个用户都不会影响到其他人的消费。消费是非竞争性的，但是一旦超过了临界点，非竞争性就会消失，拥挤就会产生。如城市供水紧张时的水压降低就会导致高层建筑上的用水中断，定时分配供水时出现的用户不能同时获得供水服务；城市供水也可以是排他的，对不付费的用户实施断水在技术上并不难实行。但是，由于饮用水是维持生命的基本生活必需品，有意识地将一部分人排除在供水之外，无论是政治上，还是社会公平上，都不可能接受。因此，城市供水具有社会确定的非排他性。因此，一般认为城市供水是准公共物品。

假如把污水处理本身当成为社会提供良好的水环境的一种服务。则污水处理提供公共物品，则存在着严重的市场失灵现象。公共物品的市场失灵主要是表现为"搭便车"的行为和"公地悲剧"现象。搭便车的行为是因为公共物品一旦被提供，任何人都能平等地消费，而不管你是否付费。这种没有为商品生产做贡献，却仍然享用这种商品带来的好处的人被称为"免费搭便车者"（Free Riders）。这种免费搭便车的行为使公共物品提供者很难发现消费者对这一公共物品的真正偏好。因为泄漏他们的真正偏好不符合其个人利益。例如，一个社区想组织一个巡逻队，这个社区里的居民很希望能享受到巡逻队提供的保护，但可能因为不想参加而隐藏他们对这一服务的真实的偏好。另外，一个不愿参加的人可能对其根本就没有兴趣。因此可以看出，"免费搭车"的心理使政府很难判断居民对某一公共物品的真实需求程度。如果每一个"搭便车者"都不愿意为公共物品的供给做出贡献，每个人的情况都会恶化。最后就车辆这种情况"虽然每个人都希望公共物品的提供，却没有公共物品被提供"。因此经济学家提出了政府提供公共物品的基本原理，即政府可以对消费者征税，居民和厂商不能拒绝交税，从而强迫居民对公共产品的工具做出贡献。当排队未付费的消费者使用某一公共物品的成本过高时，政府就可以通过财政税收或收费来提供公共物品。

　　"公地悲剧"是1968年加雷特·哈丁（Carrett Hardin）在其论文"公地的悲剧"中提出的。这一概念现在已经成为一种象征，意味着只要资源是公共使用的并且具有一定的稀缺性，那么就会导致资源的极度稀缺，甚至是毁灭性的结局。哈丁在论文中写道"如果一个牧民在他的畜群中增加头牲畜，在公地上放牧，那么所得的全部收益商机上要减去由于公地必须负担多一头牲畜所造成整个方面质量的损失。但是每个牧民不会感到这种损失，因为这一个负担被使用公地的每一个牧民分担了。由此他受到极大鼓励一再增加牲畜，公地上的其他牧民也这样做。由此，公地由于过度放牧，缺乏保护和水土是被毁坏掉。毫无疑问，在这件事情上，每个牧民只是考虑自己的最大收益，而他们的整体作用却使全体牧民破产"。"公地悲剧"的结论为："在一个信奉公地自由使用的社会里，每个人追求他自己的最佳利益，毁灭的是所有的人都趋之若鹜的目的地。""公地悲剧"在现实的社会中广泛存在。如森林被过度砍伐、公海与河流湖泊的过度捕捞、水体污染、野生动物毁灭性地猎杀、大气层被破坏等都是"公地悲剧"的现实写照。"公地悲剧"的主要原因及公共物品不具有排他性。

　　福利经济学认为导致"公地悲剧"的根本原因是边际私人成本与边际社

会成本的背离，个人在决策时只考虑个人的边际收益大于或等于个人的边际成本，而不考虑他们行为额外引起的社会成本，最终造成了"公地悲剧"。庇古和萨缪尔森等经济学家对公共物品的最优供给问题做了分析，庇古认为公共物品和私人物品的定价都是要遵循产品的边际收益等于边际成本的原则，所不同的是公共物品的价格不是单个消费者支付的价格，而是全部消费者支付的价格的总和。萨缪尔森认为私人物品的价格是公共的，数量是私人的，而公共物品的数量是公共的，支付意愿是私人的，从而公共物品的最优供应应该满足条件：公共物品对所有人的边际收益之和应该等于公共物品产出的边际成本。林达尔（Eric Robert Lindahl）则试图运用一般均衡方法解决公共物品的均衡问题，提出了所谓的林达尔均衡。他认为公共物品的供给需求不满足均衡的条件，因此引入一种新的定价方法——利益定价法，使公共物品的供求实现类似竞争性市场的效应。消费者对每个单位公共物品所支付的价格等于他们在实际供给水平上的边际收益或比较支付意愿，公共物品的收费与每个消费者的需求弹性相对应，换句话说，实现了按每个消费者对公共物品的真实效用，来分别收取相应的价格。其缺陷是缺乏一个可靠的机制来衡量每个消费者对公共物品的真实效用评价，因为在信息不对称的情况下，机会主义行为倾向会使人们有意降低对公共物品的评价，减少对公共物品的支付，从而发生虚假的均衡。

由于公共物品存在严重的市场失灵，许多经济学家提出了解决市场失灵的路径，这包括：（1）政府供应。因为市场本身不能解决公共物品的供给，所以要保证公共物品得到充分的供应必须依赖政府力量。（2）技术方法。企业通过开发某种技术，使不付费就不能享受到某种公共物品或服务的好处，如闭路电视加密、收过路费。（3）捆绑提供。公共物品可以在人们购买私人物品时有卖主捆绑提供。如水价中既包括自来水费，也包括水资源费和污水处理费。（4）明晰产权。一些公共物品问题可以通过明晰对相应的经济资源产权的办法来解决，如水权。（5）经济合同。用经济合同制也可以解决公共物品的问题，如特许经营合同。

（二）外部性

外部性（Exter – Nality）问题是由剑桥大学的马歇尔（Alfred Marshall）在其《经济学原理》中提出的，被称为"外部经济"，后来，庇古（A. C. Pigau）在其《福利经济学》中对之加以充实和完善，最终形成外部性理论。外部性，是指一种物品或活动给社会造成的某些成本或带来的收益，而这些成本或收益不能在该物品或活动的市场价值中得到完全的反应。当某一个行为人的行动直接或间接地影响到另一个人的福利时，则前者的行动对后者具有外部性。外部性的实质是私人成本和社会成本、私人收益和社会收益的不平等。按照外部性产生的经济后果，可以将外部性分为正外部性和负外部性，划分的标准是私人成本和社会成本，或者私人收益和社会收益的对比关系，当一种物品或服务的私人收益大于社会收益时，此时就存在负的外部性；反之则存在正当外部性。换句话说，正的外部性使他人减少成本，增加收益；负的外部性使他人增加成本，减少收益。

外部性问题普遍存在。许多经济学家用形象的例子来描述外部性。如米德（J. E. Meade）的"养蜂人与果夫"；科斯（Coase）的"工厂烟尘与邻近居民"以及"机器噪声与医生工作"；穆勒（Mill）的"灯塔"；庇古的"火车与路边的农田"等。用来说明外部性问题。而且外部性问题经常使人联想到环境污染。简单来说就是吸烟者污染了空气，造成周围的人间接地吸烟危害身体健康。还有就是工业"三废"（废气、废水和废渣）排放到大气、江河和环境中对环境造成污染，是负的外部性。而污水处理服务本身是将污水进行收集、净化处理，减少环境污染，带来良好的水环境，具有正的外部性。

外部性问题使市场机制失效，造成市场失灵，因而需要政府干预。按照庇古的传统理论，对外部性问题主要是政府干预，主要思路是：对正的外部性给予补偿，而对于负的外部性给予处罚或限制，而政府应主要关注负的外部性问题，因为负的外部性主要表现为个人利益和社会利益的对立。例如，城市中的工业废水和生活污水不经过处理达标就排放到江河里面，就会污染环境，因为工厂和居民为了短期利益不承担其用水对环境造成污染成本，那么水环境就会恶化，产生严重的负的外部性。又如，对于环境污染政府干预措施主要有：指定排污标准、超标排污收费（税）制度、排污许可制度、环评及检测制度等。当然，对于正的外部性政府应当给予鼓励，包括补偿等方式，以增进社会福利。

排污收费是一种从影响成本收益入手，引导经济当事人进行选择，以便最终有利于环境的一种手段。几乎所有的发达国家都采用征收排污费的方法控制点源污染。征收排污费对用水者收费容易被接受，而监督水污染也比较容易，但现实中，这些收费几乎没有改变人们行为的作用，在排污收费的管制体系中，衡量污染的货币化损失是一项十分艰巨的工作，而观测和设计生产者控制污染的成本也同样困难。

一般来讲，排污收费都是为国家提供财政收入，这笔收入的使用可能有以下几个方面：一是作为基金提供给排放同类污染者，并指定基金的用途，条件是达到预定的消减目标。为达到预期的目的，这种收费制度的设计应能够弥补实际产生的污染水平的消减与预期消减水平的差额之间的费用，目前在一些国家的水污染治理中广泛应用这种方法。二是将收费收入分配与环境有关的公共产品和服务的设施，如集中处理设施、检测系统或公共管理部门。使用者收费以及一些类型的产品收费和行政收费属于此列，通常在水污染防治和废弃物管理中使用。三是收费收入纳入政府预算，但不指定具体用途。

但是科斯理论是假设交易双方不存在交易费用的前提下的，这在现实中不仅存在交易费用，而且有些领域的交易费用还很高。例如环境污染问题，往往是混合污染源导致混合受害人，即某种污染是有许多污染源共同产生，而受害人不仅人数众多，而且受害程度也有很大差异。这就决定了难以通过讨价还价的方式解决环境污染的外部性问题。著名经济学家戴尔斯（Dales）在科斯的启发下，提出了将政府干预和产权交易机制相结合才能有效解决外部性问题，控制环境污染的思路。他认为环境是一种属于政府所有的商品，可以通过污染权交易来实现环境质量的提高。

（三）自然垄断

由于现实中存在资源稀缺性和规模经济（Economics of Scale）、范围经济（Economics of Scope）以及成本的弱增性（Subadditivity）的现象，使由一个企业提供服务比许多企业提供服务更经济，所以就有了"自然垄断"。自然垄断的存在阻碍了市场竞争机制的发挥，使市场难以实现帕累托资源配置，造成资源配置的低效率。通过政府干预能够提供一种矫正的方式，使自然垄断行业既利用了规模经济的优势，又能在一定程度上克服垄断造成的福利损失。

自然垄断的概念最早由穆勒于 1948 年提出的，他从自然资源的特征上来理解的，认为地租是自然资源的结果。亚当斯（Adams 1887）把产业分为不变的规模效益、下降规模效益和上升的规模效益三类，认为自然垄断属于上升的规模效益，应维护其大规模的优势。自然垄断产业的经济特征是：（1）提供生活必需的产品和服务；（2）具有良好的地理条件和生产环境；（3）产品无法储存；（4）具有国民经济特征；（5）产业内通常只有一个企业来提高消费者需求的供给，其供给具有稳定性和可靠性，并认为如果该产业存在竞争就是破坏性竞争，将导致失败的产业。理查德·伊利（Richard T, Ely1937）把自然垄断分为三种类型：①依靠独一无二的资源供应形成（如矿藏）；②依靠信息或特权形成的（如专利）；③依靠业务特征形成（如铁路和公共设施），并认为产生的规模经济导致自然垄断产业是不可竞争的。而后的学者（Sharkey，1982；Waterson，1998）对自然垄断提出了新的解释，认为自然垄断的最显著的特征是成本函数的弱增性，即联合生产会更有效率。

无论是从规模经济的角度还是从成本弱增性角度来看自然垄断，都认为垄断的市场结构具有一定的经济合理性，而应当排除或限制竞争，然而市场垄断企业也可能滥用垄断力量侵害消费者的利益，所以满足公共需要的行业，如自来水、污水处理、热水、天然气、煤气、电力、通信、邮政、铁路等行业，政府应当采用市场进入、价格、质量、市场退出等手段进行干预，以保护消费者的权益。

（四）信息不对称

信息不对称理论是英国剑桥大学教授（James A. Mirlees）和美国哥伦比亚大学教授（William Vickery）在20世纪60年代在信息经济学研究中提出的重要理论。该理论认为，在市场交易中，几乎普遍存在信息不对称问题，即市场交易的一方比另一方拥有更多的信息，它对市场运行有很大的影响。处于信息优势地位的一方容易利用对方的无知，侵害对方的利益而谋求自己的利益，而处于信息劣势的一方，由于担心受骗，就对交易持怀疑态度。因此，就可能造成交易处劣势的一方利益受到损害，无法实现公平交易。如医患关系中，医生可能利用患者对药品的无知，而给患者开出费用昂贵而疗效一般的药物，致使患者被欺骗而蒙受损失。造成这种信息不对称的原因有：（1）拥有信息优势的交易一方对信息封锁或有意地误导；（2）搜寻成本对信息优势方的信息搜寻障碍；（3）社会分工和劳动分工造成交易各方知识的差异。由信息不对称引起的"道德风险"和"逆向选择"问题，使市场无法实现对资源的优化配置。道德风险指交易双方达成一项合同或协议后，交易一方在单纯的最求自身利益时做出对另一方不良的行动。例如，一个购买汽车保险的人，会减少对汽车的安全停放和防盗等方面的努力，而保险公司要获取投保者在汽车防盗等方面信息所做出的努力程度是十分困难的，代价也很高，因而大大增加保险公司损失的可能性。逆向选择，是指消费者中市场上对产品质量缺乏辨别的信息和能力，而主要基于价格和求廉的动机，倾向于购买质量低劣的产品，而质量较高的产品被驱逐出市场，即"劣质产品驱逐优质产品"的现象，最终使市场上产品质量下降，市场萎缩。

在诸如银行、保险、电信、自来水、污水处理、电力具有垄断性质的服务性行业，信息不对称现象普遍存在。在这些行业中，有许多企业提供各种服务，收取各项不同的费用，而政府和消费者却很难拥有充分的信息以决定在多种多样的服务和价格的信息，不知道该如何做出选择，结果难以实现帕累托意义上的资源配置效率。同时，这些产业虽然以保全、运用和运输消费者的财产为业务，但由于消费者不可能知道这些产业中企业的经营内容和财产状况，一旦竞争的结果是企业发生倒闭时，消费者还会因此蒙受损失。例如，向居民收取污水处理费，但居民和政府在掌握污水处理企业的真实的运营情况以及成本情况上处于劣势，不能真正了解污水处理成本。为了预防这类现象和事态的发生，对处在信息劣势方利益造成损坏和对效率的损害，需要政府从一开始便对有关产业进行干预，包括利用市场机制，加强交易者之间的信息沟通，通过"信息传递"和"信息甄别"的方式增加信息的透明度等来解决信息不对称问题，以保护弱者和维护公平。

（五）公共产品定价

公共定价是政府及其公共部门对被管制的单位或个人的价格管制行为。公共定价的主要依据是因为存在"市场失灵"。政府需要通过管制的手段来实现资源的优化配置。其研究的内容主要包括以下几个方面：

1. 定价的主体，即由谁来进行定价，一般来讲，定价的主体应该是各级政府，或者更准确说是政府的代理机构。在中国代理机构在中央一级的国务院的价格主管部门（国家发展改革委员会）和建设部、环保部和铁道部等相关部门，在地方一级主要是各级人民政府的价格主管部门（物价局）和其他相关部门。明确定价主体的机构设置和职责权限是定价机构展开工作的基本依据，也是定价主管部门和行业主管部门合作与协调的基础。当然，定价的主体是政府，并不排斥企业、消费者和其他单位的参与。例如，污水处理企业价格管制的主体是地方政府，但是价格变动须由污水处理企业向城市价格主管部门提出申请，召开听证会、邀请人大、政协、政府各有关部门和各界用户代表参加，确定最终的价格。所以，明确定价的主体，就是要明确相关主体机构的职责和权限。

2. 公共定价的目标和原则。定价的目标是政府进行价格管制要达到的目的。不同的定价目的会形成不同的定价原则和方法，并达到不同的定价效果。政府对于不同的产业的定价目标不同。例如，对烟草行业，政府试图通过高价限制其发展；对涉及民生的行业国家总是通过限价保护公众的利益，即使对同一行业发展的不同时期，国家采取的定价目标也不同，如电信行业，开始为了收回成本会采用高价，但形成一定规模后，国家就会采用限价的方法。但总体来说定价的目标都是为了实现社会福利总体的最大化，这是定价规范理论的前提。一般认为是为了实现以下五个目标：①实现资源的优化配置。②提高企业的内部生产效率。③避免收入再分配对消费者造成的侵害，实现社会公平。④维护企业发展潜力。⑤限制负外部性，鼓励正外部性，保障人类社会可持续发展。在人类社会发展过程中，人类自身的活动对外部环境产生了大量的负面影响，致使环境、资源等难以再生的社会要素遭到严重的破坏，造成了自然环境污染和自然资源枯竭等全球性的重大问题。这些问题的出现反过来又对人类的生存与发展造成了不利影响，人类必须面对由自身破坏行为所造成的资源枯竭的危险。这些活动所引发的负外部性给人类社会造成了不安全问题，威胁人类社会的可持续发展。这些问题不能依靠市场机制和个人行为解决，需要政府管制给予限制。同时，一些正的外部性活动（如绿化）等为人类社会提供了良好的生存环境，需要政府管制给予鼓励。

由此可见，政府定价的目标不是唯一的，而且可能是相互约束的，如偏重企业发展和社会目标，就对企业内部生产效率刺激就相对不足。管制者要在这些目标之间进行权衡。

政府定价的原则是政府定价目标的具体体现。总的原则可以归纳为三个方面：（1）保护经营者和投资者的正当利益的原则。（2）保护消费者和用户利益的原则。（3）保护社会发展长远利益的原则，如保护环境。具体到不同的行业，如电信、自来水、天然气、污水处理、铁路等价格管制的目标和原则可能有所差异，侧重点不同。政府定价的具体原则归纳起来大致有以下几条：（1）公平对待用户；（2）消费者有支付能力；（3）便于消费者理解和交费；（4）保证公正投资回报；（5）补偿企业生产经营成本原则；（6）节约资源，保护环境。以上是政府定价的基本原则，可以看出，以上原则涉及的利益主体包括：用户、经营者、政府和投资者。其实质是政府在价格管制时的各方利益博弈，或者说是各方利益相互影响的结果。

3. 价格水平的确定方法。政府对价格水平的确定就是把价格保持在一个相对合理的状态，既能让企业不获得超额利润，又能让企业有生产动力的水平上。这涉及定价方法的选择、成本和投资基数的确定、管制滞后理论、价格的调整周期、开展区域比较竞争和特性投标等方式来确定价格水平。当然，还有考虑行业的具体特点、资源供给状况、社会经济发展水平和居民消费水平支付意愿等各方面因素。价格水平和定价的方法有密切的关系。不同的定价方法考虑的要素不同，所得到的价格水平也不同。可供选择的价格水平确定方法包括平均成本定价法、边际成本定价法、投资回报率定价、最高限价、特许拍卖制度、标尺竞争制度等。

第三章

中国污水治理发展历程及现状

水资源是人类赖以生存和经济社会发展最重要的不可或缺的自然资源之一，如何在保持国民经济稳定增长的同时，有效保护和合理利用水资源，防范治理水污染，是中国绿色发展、可持续发展所面临的重大课题。

本章主要介绍中国水污染现状、污水治理的发展历程及政策、污水治理现状，分析了中国现阶段污水治理的特点和重点方向，阐述了中国水污染的治理特征和历年来所出台的政策法规，着重分析了经济发展与污水处理之间的关系，为后面章节的模型构建和实证结果分析提供了翔实的背景支撑。

第一节 中国水污染现状

2014—2020 年，中国水资源总量以及人均水资源量总体呈不稳定状态。根据数据显示，2020 年，中国水资源总量为 30963 亿立方米，人均水资源量为 2193.2 立方米/人。而按照国际公认的标准来看，中国处于轻度缺水的状态（人均水资源量低于 3000 立方米）（见图 3-1）。

与此同时，2014—2018 年，中国污水排放总量持续增长，2014 年国内城市污水年排放量 445.34 亿立方米，2018 年则增至 521.12 亿立方米（见图 3-2）。

根据生态环境部数据显示，在流域总体水质方面，2020 年，长江、黄河、珠江、松花江、淮河、海河和辽河七大流域和浙闽片河流、西北诸河主要江河监测的 1614 个水质断面中，Ⅰ—Ⅲ类水质断面占 87.4%，同比上升 8.3 个百分点，劣 V 类占 0.2%，同比下降 2.8 个百分点，主要污染指标为化学需氧

图 3 – 1　2014—2020 年中国水资源总量及人均水资源量统计情况

资料来源：观研天下。

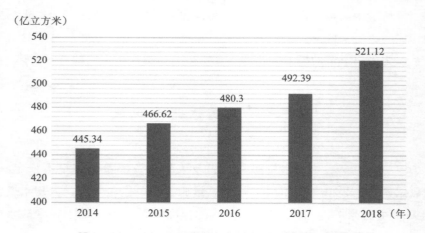

图 3 – 2　2014—2018 年中国污水排放总量统计情况

资料来源：观研天下。

量、高锰酸盐指数和五日生化需氧量；开展水质监测的 112 个重要湖泊（水库）中，Ⅰ—Ⅲ类湖泊（水库）占 76.8%，同比上升 7.7 个百分点，劣Ⅴ类占 5.4%，同比下降 1.9 个百分点，主要污染指标为总磷、化学需氧量和高锰酸盐指数（见表 3 – 1、图 3 – 3、图 3 –4）。

表 3 - 1　　　　　　　　　　　　　水质标准分类

水质分类	分类标准
Ⅰ 类	水质良好，只需要建议的消毒净化即可供饮用
Ⅱ 类	水质受到轻度污染。经常规净化处理（如凝絮、沉淀、过滤和消毒等） 其水质即可供生活饮用
Ⅲ 类	水质适用于生活饮用水源地二级保护区、一般鱼类保护区及游泳
Ⅳ 类	水质适用于一般工业保护区及人体非直接接触的娱乐用水区
Ⅴ 类	水质适用于农业用水区及一般景观要求水域
劣 Ⅴ 类	水质除调节局部气候外，基本上已经没有使用功能

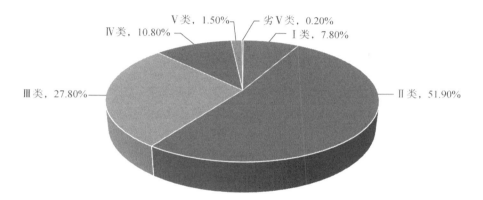

图 3 - 3　2020 年全国流域总体水质状况

资料来源：观研天下。

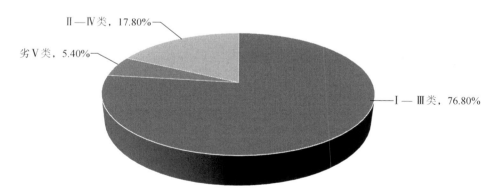

图 3 - 4　2020 年重点监测湖泊（水库）水质分布

资料来源：观研天下。

　　此外，中国地下水水质整体较差，水环境治理迫在眉睫。根据生态环境部数据显示，2020 年，全国 10171 个国家级地下水水质监测点中，Ⅰ—Ⅲ类水质监测点占 13.6%，Ⅳ类占 68.8%，Ⅴ类占 17.6%（见图 3－5）；Ⅰ—Ⅲ类水质监测点占 22.7%，Ⅳ类占 33.7%，Ⅴ类占 43.6%，主要超标指标为锰、总硬度和溶解性总固体（见图 3－6）。

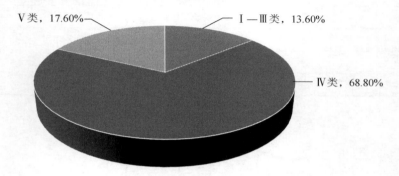

图 3－5　2020 年国家级地下水水质情况

资料来源：观研天下。

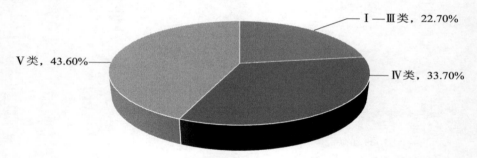

图 3－6　2020 年中国浅层地下水水质情况

资料来源：观研天下。

第二节　中国污水治理发展历程

　　中国水资源主要来自降水，水资源总量丰富，但人均水资源不足，同时空间分布不均匀，南多北少，东多西少。随着经济社会的快速发展，人类与自然之间的冲突不断加剧，水资源不合理的开发利用与污水的无规划排放对社会可持续发展带来了严峻的挑战。随着工业化、城市化快速发展，全国用水量和废污水排放量持续增长，水资源质量不断下降，水环境持续恶化，水污染事故频发。环境监测表明，中国每年大约排放工业废水 300 亿吨，且其中 70% 左右未经任何除污处理直接排入江河水域，在全国七大水系中，近一半的河段污染严重，流经城市河段 82% 受到严重污染，2.5 万千米的河流水中污染物超标，近 50% 的重点城镇水源地不符合饮用水标准，受污水、工业废弃物和城市垃圾危害的农田达 0.1 亿千亩。当前，城镇污水治理是缓解城镇水环境污染、加强水环境保护的重要举措。污水处理能够通过专业处理手段去除或降低不同类型污水中的固体污染物及有机污染物，使被净化的水质能够达到再次使用或排放要求的过程，目前国家对资源节约和环境保护越来越重视，污水治理在农业、医疗、石化、餐饮等领域已广泛普及。总的来说，中国污水治理发展历程主要经历了起步、缓慢发展、快速发展三个阶段。

一、起步阶段（20 世纪 50—70 年代）

新中国成立后，中国工业基础较为薄弱，农业生产也刚刚起步，污水污染程度低，社会对于污水处理重要性认知度低，此时中国污水处理行业处于起步阶段。据统计，20 世纪 50 年代全国仅有十余座污水处理厂，且以国有企业为主，污水处理规模小，工艺停留在一级处理，处理技术和管理水平落后。

20 世纪 60 年代末期开始，随着工业逐步发展，城市化进程加快，污水处理需求开始释放。一方面，部分城市开始利用郊区废弃河道、沼泽地等建立污水处理塘，以进行城市污水处理，这一发展时期中国已有约 40 座日均处理生活污水约 90 万立方米的污水处理塘。另一方面，由于工业废水污染问题日益突出，1973 年，中国政府颁布了《关于保护和改善环境的若干规定（试行草案）》《工业企业三废排放试行标准》等一系列法规性文件。在相关政策指引下，工业企业开始自行建立污水处理装置。政府及社会重视程度上升后，污水处理行业开始逐步发展，一些企业引进国外先进技术及设备，并开始探索符合中国国情的污水处理模式。

二、缓慢发展阶段（20 世纪 80—90 年代）

自 1978 年改革开放以来，中国进入了快速发展时期。经济发展和城市化进程的加快使得污水的数量急剧增加，并且由于越来越多的工业废水进入下水道，废水的组成变得越来越复杂，直接威胁到城市用水和粮食安全，从而迫切需要控制水污染。

一方面，这一时期污水呈现污染程度高、污水中污染物质成分差异化增大的特点。此外，国外由于污水污染处理不佳而导致各类疾病的报道日渐增多，如骨疼病、水俣病等，由此污水处理开始引起政府重视。1984 年中国成立国务院环境保护委员会，主要职责是为研究审定关于环境保护的各类方针与政策；另一方面，为了应对这一挑战，中国开始建设更集中的污水处理厂和补充设施。1984 年，国务院环保办在天津建立的污水处理试验厂（天津市纪庄子污水处理试验厂）投产运行，这是中国第一座大型城市污水处理厂，其每天污水处理规模达到 26 万立方米。在国家及地方政府不断引导下，民营企业也开始进入污水处理行业。1992 年，浙江省杭州市拱宸桥西纺织工业区的纺织、丝绸、皮革等 6 家工厂成立污水处理厂，但其污水处理费用仍由环保部门拨款资助。由于污水处理行业利润较低，对技术研发前期投入大，且能够进行规模化运营的企业少，此时中国污水处理进程发展缓慢。

三、快速发展阶段（21 世纪初至今）

21 世纪初中国加入 WTO（世界贸易组织），经济得以迅速发展，城市及行业发展速度进一步加快，污水排放量持续大幅增加，从 2000 年 415 亿吨上涨至 2017 年 699.7 亿吨。由于污水处理工艺技术不成熟，此时污水处理成本较高，导致污水乱排放现象较为严重。2007 年，水体富营养化日益严重，太湖发生大规模藻类繁殖，严重威胁了附近城市的饮用水安全。此后，地方政府开始执行更严格的污水处理厂废水排放标准。一年后，第一个实施一级 A 废水排放标准（GB18918 – 2002）的污水处理厂在无锡投入使用（见图 3 – 7）。

面对环境的日益恶化，中国政府陆续颁布《中华人民共和国水法》《中华人民共和国水污染防治法》等一系列政策法规，为污水处理行业提供明确的政策指引和法律保障。这一时期，政策法规推动中国污水处理厂数量和污水处理质量迅速提升。2000 年，大连马兰河污水处理厂是首家采用 BIOSTYR 曝气生物滤池的水厂，2001 年，上海桃浦污水处理厂是首家采用 SBR 工艺的水厂。2016 年，北京高碑店污水处理厂升级为再生水厂，处理能力达到 100 万

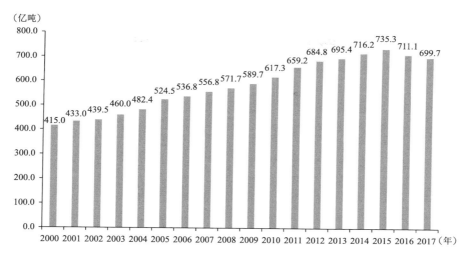

图 3 - 7　中国 2000—2017 年污水的排放量

资料来源：头豹研究院。

立方米/吨，宣布了中国从简单处理到再生处理的过渡。但是与许多发达国家相比，中国的总体水回收率仍然很低，并且由于质量相对较低，再生水主要作为景观水在重复利用。

　　此外，2002 年中国环保总局、建设部及原中国计委印发《关于推进城市污水、垃圾处理产业化发展意见的通知》，提出污水处理收费原则，并逐步实行污水处理设施的特许经营，引入市场竞争机制，开启污水处理行业的市场化改革。2002 年实施特许经营以来，中国污水处理率大幅上升。中国政府对污水处理市场准入开放颁发政策性文件，使民间资本开始大量涌入，社会资本及多元化投资主体进入污水处理行业。这一发展时期，外资企业由于行业经验丰富，技术工艺先进，因此在本土市场上占有一定市场份额。与此同时，中国政府的政策指引也令污水治理行业产生了以 BOT（建设—运营—移交）、TOT（转让—运营—移交）、BOO（建设—拥有—运营）等特许经营方式为主体的多样化运营模式。2008 年天津市滨海新区汉沽营城污水处理项目首次实行 DBO 模式，但由于 DBO 模式依旧需要政府大量出资，因此这种模式没有得到大范围的采用。2014 年后，PPP 模式（包含 BOT、TOT 模式等）的污水处理模式受到市场认可，政府和企业共同推动污水处理行业迅速发展。

　　近年来，中国政府开始密集发布关于污水处理的相关政策，并开展整治行动，如 2015 年 4 月国务院出台了《水污染防治行动计划》（以下简称《水十条》)。《水十条》中对七大重点流域（长江、黄河、珠江、松花江、淮河、海河、辽河）水质和城市水质均提出要求，标志中国从单一的污水处理层面上升到从源头控制、过程阻断及末端污水处理的新层面。2018 年中国政府开启了"碧水保卫战"，由生态环境部开展中国地级以上城市饮用水源地违法项目整治行动。政府高压政策的实施及政府民间合作污水处理模式的开展使污水处理行业进入快速发展的阶段。

2019 年国民经济和社会发展统计公报显示：全年水资源总量 28670 亿立方米。全年总用水量 5991 亿立方米，比上年下降 0.4%。其中，生活用水增长 1.9%；工业用水下降 2.1%；农业用水下降 0.5%；生态补水增长 0.5%。万元国内生产总值用水量 67 立方米，比上年下降 6.1%。万元工业增加值用水量 42 立方米，下降 7.2%。人均用水量 429 立方米，比上年下降 0.8%。

据统计，1995—2019 年，全国地表水 Ⅰ—Ⅲ 类比例从 27.4% 上升到 74.9%，劣 Ⅴ 类比例从 36.5% 下降到 3.4%，Ⅰ—Ⅲ 类断面比例、劣 Ⅴ 类断面比例这两项约束性指标均已提前完成"十三五"目标。经过二十多年的不断努力，特别是"十三五"时期《水十条》以及相关污染防治攻坚战行动计划的发布实施，对水污染防治工作的强力推动，中国水环境质量得到显著改善，但水生态环境保护依然任重道远。虽然全国地表水环境质量总体保持持续改善的势头，但从水生态环境保护的整体性来看，不平衡不协调的问题依然突出。一是部分流域水污染问题依然突出。2019 年全国地表水监测的 1931 个水质断面（点位）中，劣 Ⅴ 类的比例为 3.4%，主要集中在黄河、海河、辽河等地区，黄河、海河、辽河等流域劣 Ⅴ 类断面比例分别为 8.2%、7.0% 和 8.4%。二是北方地区不少河流生态流量严重不足。依据生态环境部卫星环境应用中心《环境遥感监测专报》，2018 年秋季京津冀有卫星影像的 352 条河流中，292 条存在干涸断流现象，占河流总数的 83.0%，干涸河道长度为 5413.63 千米，占河道总长度的 24.4%。三是水生态破坏现象普遍。当前，中国缺乏统一的水生态监测与评价标准，水生态保护工作仍处于探索起步阶段。2019 年仍有 28% 的湖库出现不同程度的富营养化，重点湖库暴发蓝藻水华风险较大；部分河湖因破坏性捕捞、敏感生态空间受侵占等，水生态系统受损严重。四是水环境风险隐患较多。重金属、持久性有机污染物等长期积累的累积性风险开始逐渐显现；石油化工等沿江（河）分布的高风险污染行业布局短期内难以根本改变，流域水环境风险防范面临严峻挑战。

"十四五"是在 2020 年全面建成小康社会、打好打赢污染防治攻坚战的基础上，向 2035 年美丽中国目标迈进的第一个五年，具有不同以往的新形势和新要求。美丽中国对水生态环境的要求不仅是良好的水质状况，而且还包含了充足的生态流量和健康的水生态，这意味着需要保护和恢复能持续提供优质生态产品的完整的水生态系统。"十四五"也是推动水生态环境管理从以水污染防治为主向"三水统筹"转变的重要时期，也是控制污染物排放、改善水环境质量、防范化解突发污染事件的重要时期。

第三节　中国污水治理体制及政策演进

一、行业主管部门及管理体制

水污染治理的行业主管部门是国家生态环境部，同时，水生态环境治理与资源化领域也是水资源保护和城市基础设施建设的重要内容，相应受到国家水利部、国家发展和改革委员会、住房和城乡建设部等各级政府部门的管理。主要行业相关主管部门职能如下：

国家生态环境部：负责建立健全环境保护基本制度，组织制定主要污染物排放总量控制和排污许可证制度并监督实施，提出实施总量控制的污染物名称和控制指标，督查、督办、核查各地污染物减排任务完成情况；提出环境保护领域固定资产投资规模和方向、国家财政性资金安排的意见，审批、核准国家规划内和年度计划规模内固定资产投资项目，并配合有关部门做好组织实施和监督工作等。

国家住房和城乡建设部（住建部）：承担推进建筑节能、城镇减排的责任。会同有关部门拟订建筑节能的政策、规划并监督实施，组织实施重大建筑节能项目，推进城镇减排。

国家发展和改革委员会（发展和改革委）：推进可持续发展战略，负责节能减排的综合协调工作，组织拟订发展循环经济、全社会能源资源节约和综合利用规划及政策措施并协调实施，参与编制生态建设、环境保护规划，协调生态建设、能源资源节约和综合利用的重大问题，综合协调环保产业和清洁生产促进有关工作。

国家水利部（水利部）：负责保障水资源的合理开发利用，拟定水利战略规划和政策；组织编制水资源保护规划，组织拟订重要江河湖泊的水功能区划并监督实施，核定水域纳污能力，提出限制排污总量建议，指导饮用水水源保护工作，指导地下水开发利用和城市规划区地下水资源管理保护工作等。

中国城镇供水排水协会：协助政府主管部门制定行业法规、政策、规划、计划和有关标准，传播国内外发展技术和管理经验。

中国环境保护产业协会：制定行业的行规行约，建立行业自律机制；参与制定国家环境保护产业发展规划；组织实施环境保护产业领域的产品认证、技术评估、鉴定与推广等。

二、中国污水治理的政策演进

改革开放以来，中国社会主义市场经济繁荣发展，城镇化水平不断提高。在此背景下，中国城市污水处理设施建设实现了高速发展，《中国生态环境状况公报》（2018 年）显示：截至 2018 年年底，全国设市城市污水处理能力1.67 亿立方米/日，累计处理污水量 519 亿立方米，分别削减化学需氧量和氨氮 1241 万吨和 119 万吨；中国城镇再生水利用量 94.02 亿立方米，全国污水再生利用率（污水再生利用率 = 污水再生利用量/污水处理总量）为15.98%。截至 2019 年，中国污水处理厂增至 2471 座，处理能力 17863 万立方米/日，污水年排放量为 554.65 亿立方米，污水处理量 536.93 亿立方米，污水处理率 96.80%，再生水利用量 116.08 亿立方米，再生水利用率20.93%，相较 2011 年提高 14 个百分点；县城污水处理厂增至 1669 座，污水利用率 93.55%，再生水利用量 10.10 亿立方米，再生水利用率 9.87%，相较2011 年提高 5 个百分点。在污水资源化上，中国开始大力推动将再生水等非常规水资源纳入水资源统一配置，寻求低碳绿色发展模式，探索对污泥更全面的资源化利用。城镇集中污水处理厂的建设为改善水体水质提供了条件，用污水处理厂出水补充河道，恢复水体的景观利用功能是污水治理的重要途径。在此大背景下，国家相继出台多项政策加大对污水治理的支持，并进一步加大环保投资总额，提高污水处理工程建设与运营的市场化、规范化和现代化水平。国家政策的支持有力地保障了水生态环境治理发展的稳定性、持续性。

中国污水处理行业属于政策性引导行业，污水处理行业的快速发展离不开政府政策的重要推动。为提升中国水资源循环利用，促进湖、河水体处理，加快污水处理的政府与企业合作模式机制与相关条例的完善，国务院、发改委等政府机构密集颁布了多项污水处理行业的相关政策（见表3-2）。

表 3-2 中国污水治理主要相关政策

	法律法规政策名称	颁布机关
法律	中华人民共和国水污染防治法（2017年修订）	全国人大常委会
	中华人民共和国环境保护法（2014年修订）	全国人大常委会
	中华人民共和国水法（2016年修订）	全国人大常委会
	中华人民共和国循环经济促进法（2018年修订）	全国人大常委会
	中华人民共和国环境影响评价法（2002年修订）	全国人大常委会
行政法规	城镇排水与污水处理条例（2013）	中华人民共和国国务院
	排污征收使用管理条例（2003）	中华人民共和国国务院
	取水许可和水资源费征收管理条例（2006）	中华人民共和国国务院
	城市供水条例（1994）	中华人民共和国国务院
	排污许可管理条例（2021）	中华人民共和国国务院
部门规章	城镇污水处理提质增效三年行动方案（2019—2021年）	住房和城乡建设部、生态环境部、国家发改委
	关于构建现代环境治理体系的指导意见（2020年）	中共中央办公厅、国务院办公厅
	绿色产业指导目录（2019年版）》（发改环资〔2019〕293号	国家发改委等七部委
	"十三五"全国城镇污水处理及再生利用设施建设规划（发改环资〔2016〕2849号）	改革委、住房城乡建设部
	关于征收城市污水排水设施使用费的通知（1993）	物价局，财政局
	城市供水价格管理办法（1998）	国家计委和建设部
	水利工程供水价格管理办法（2003）	发改委，水利部
	排污征收标准管理办法（2003）	发改委、财政部、环保总局
	排污费资金收缴使用管理办法（2003）	财政部、环保总局
	排污费征收工作稽查办法（2007）	国家环保总局
	水资源费征收使用管理办法（2008）	财政部、发改委、水利部
	关于加快建立完善城镇居民用水阶梯价格制度的指导意见（2012）	发改委、住建部
	污水处理费征收使用管理办法（2014）	财政部、发改委、住建部

续表

	法律法规政策名称	颁布机关
标准	《污水综合排放标准》（GB8978 – 1996）	国家技术监督局
	《地表水环境质量标准》（GB3838 – 2002）	原国家环保总局和
	《城镇污水处理厂污染物排放标准》（GB18918 – 2002）	国家质量监督检疫总局
	2008 年颁布了《制浆造纸工业水污染排放标准》（GB3544 – 2008）等 11 项标准	环保部和国家质量监督检疫总局
	2010 年颁布了《淀粉工业水污染物排放标准》（GB25461 – 2010）等 8 项标准	
	2012 年颁布了《炼焦化学工业污染物排放标准》（GB16171 – 2012）等 8 项标准	
规范性文件	"十三五"节能减排综合工作方案（国发〔2016〕74 号）	中华人民共和国国务院
	"十三五"国家战略性新兴产业发展规划（国发〔2016〕67 号）	中华人民共和国国务院
	"十三五"生态环境保护规划（国发〔2016〕65 号）	中华人民共和国国务院
	关于全面加强生态环境保护坚决打好污染防治攻坚战的意见（2018 制订）	中华人民共和国国务院
	水污染防治行动计划（2015）	中华人民共和国国务院
	关于征收城市污水排水设施使用费的通知（1993）	国家物价局、财政部
	关于加强城市供水节水和水污染防治工作的通知（2000）	中华人民共和国国务院
	关于进一步推进城市供水价格改革工作的通知（2002）	财政部、国家计委、水利部、建设部、国家环保总局
	关于排污费收缴有关问题的通知（2003）	财政部、国家环保总局、中国人民银行
	关于排污费征收核定有关问题的通知（2003）	国家环保总局
	关于推进水价改革促进节约用水保护水资源的通知（2004）	国务院办公厅
	关于印发节能减排综合性工作方案的通知（2007）	国务院
	关于调整中央接种排污分配方式的通知（2008）	财政部、环保部
	关于做好城市供水价格管理工作有关问题的通知（2009）	发改委、住建部
	中央分成水资源费使用管理暂行办法（2011）	财政部、水利部
	关于印发"十三五"全国城镇污水处理及再生利用设施建设规划的通知（2012）	国务院办公厅
	关于实行最严格水资源管理制度的意见（2012）	国务院
	关于水资源费征收标准有关问题的通知（2013）	发改委
	关于推进污水资源化利用的指导意见（2021）	发改委、环境部等

新中国成立之初，中国的主要任务是尽快建立独立的国民经济体系和工业体系，同时由于生产规模不大以及人口较少，整体上经济建设与环境保护之间的矛盾并不突出，虽然局部存在环境破坏和水体污染，但尚处于可控范围。第一个五年计划期间，工业建设局将工业区域和生活区域分开，并建设树林作为隔离带，减轻工业污染物对城镇居民的直接危害；"大跃进"期间，"大炼钢铁"导致废气、废水、废物乱排乱放，污染日益严重；"文革"期间，环境污染与生态破坏更加严重。

1981 年，国务院发布《关于在国民经济调整时期加强环境保护工作的决定》，提出了"谁污染、谁治理"的原则。1982 年颁布《征收排污费暂行办法》，标志着排污收费制度正式建立。1984 年 5 月 8 日国务院印发的《关于环境保护工作的决定》，要求各地方人民政府成立相应的环保机构。1989 年 4 月，在第三次全国环境保护会议上，系统地确定了环境保护三大政策和八项管理制度，即预防为主、防治结合，谁污染谁治理和强化环境管理的三大政策，以及"三同时"制度、排污收费制度、环境影响评价制度、环境目标责任制度、城市环境综合整治定量考核制度、排污申报登记和排污许可证制度、限期治理制度和污染集中控制制度。这些制度和政策，在国务院政令颁发后，进入各项污染防治的法律法规并在全国实施，构成了一个较为完整的"三大政策八项管理制度"体系，有效遏制了环境状况的进一步恶化。

1990 年 12 月国务院颁布的《关于进一步加强环境保护工作的决定》，是对 1984 年决定的进一步强化。强调了自然开发利用中要重视环境保护，首次提出环境保护的目标责任制。1996 年 7 月召开了第四次全国环境保护会议，8 月发布了第四个决定《国务院关于环境保护若干问题的决定》，该项决定提出了 10 项要求，第一个就是环境质量的行政领导负责制，进一步明确各行政领导的环保责任。

2003 年中国政府提出了以"三河三湖"污染控制为主的水污染防治政策，环境保护投资强度明显增强，1999 年环保投资占 GNP（国民生产总值）首次突破 1%，开始了环保投资体制改革，行政手段逐渐退居次要位置，法律手段得到深化和完善，经济手段越来越突出，微观层面的手段中，开始了排污交易政策试点、全面推行排放水污染物许可证制度，提高排污收费标准、关停污染企业等。

2005 年发布《国务院关于落实科学发展观加强环境保护的决定》，共六个方面 32 条。在环保形势异常严峻的情况下，胡锦涛同志提出落实科学发展观，突出发展的协调性与可持续性。强调优先开发环境容量有限、自然资源供给不足而经济条件较发达的地区，把环境放在首位，并提出地方政府和各部门的主要负责人就是环保第一责任人，把环保一项纳入领导班子的日常考核范围，作为选拔奖惩的重要依据。2011 年 10 月发布《国务院关于加强环境保护重点工作的意见》，提出三个转变和环境优化经济增长，将环保放在重要位置。李克强同志讲话，提出在发展中保护，在保护中发展，经济转型发展是否有成效要看环境是否改善。

"十二五"期间，工业废水治理领域的投资需求将超过 1200 万亿元，工业废水治理开始转换思路：提高排放标准、促进深度治理。环境经济手段受到高度重视，在第六次全国环境保护大会上，温家宝同志提出了环境保护从行政手段转变为综合运用法律、行政和经济手段来解决环境问题，"十二五"规划纲要中明确指出，要积极推进环境税费改革。与此同时，受国家政策指引及行业需求日渐增长的带动，科研企业及各研究院开始大力开展污水处理技术、设备等研究工作。据中国统计局数据显示，2009—2017 年中国污水处理行业专利申请数量呈现逐年递增的趋势，从 2009 年的 2723 项上涨至 2017 年的 17329 项，复合年增速达到 26%，随着中国污水处理行业逐渐发展，并且在庞大人口所产生的污水处理需求的带动下，目前中国污水处理工艺水平与国际水平相当。具体可从法律、行政法规、部门规章、标准、规范性文件五个方面把握污水治理政策的演进。

（一）法律

污水处理行业的主要法规为《中华人民共和国水污染防治法》，其于1984 年 5 月 11 日经第六届全国人民代表大会常务委员会第五次会议审议通过，并先后于 1996 年 5 月修正，2008 年 2 月修订，2017 年 6 月 27 日修正，该法制订了国家水污染防治的标准和规划，分别就工业水污染防治、城镇水污染防治、农业和农村水污染防治等方面制订了水污染防治措施，明确了水污染事故的处置和相关主体的法律责任。这标志着中国水污染治理和水资源保护走上了法制轨道，并不断深化完善。

1979 年 9 月，《中华人民共和国环境保护法（试行）》（以下简称《环境保护法》）颁布，作为中国第一部环境法，标志着中国环境保护开始走上依法治理的道路，其中明确规定了环境影响评价、排污收费等基本法律制度，为中国环境与经济社会的协调可持续发展提供了法律依据和保障。《环境保护法》于 2014 年修订，2015 年 1 月 1 日实施，标志着中国环保事业更进一步。2016 年全国人民代表常务委员会通过《中华人民共和国环境保护税法》（以下简称《环境保护税法》），规定征收环境保护税，标志着排污收费政策于 2018 年 1 月 1 日正式退出历史舞台。费改税将更加有利于促进形成治污减排的内在约束机制，有利于推进生态文明建设、加快经济发展方式转变。税法明确规定，环保部门和税务机关应当建立涉税信息共享平台和工作配合机制。2002 年《中华人民共和国环境影响评价法》规定，为了实施可持续发展战略，预防因规划和建设项目实施后对环境造成不良影响，促进经济、社会和环境的协调发展，在中国境内建设对环境有影响的项目，应当进行环境影响评价。

2016 年 7 月第二次修正的《中华人民共和国水法》，是为了合理开发、利用、节约和保护水资源，防治水害，实现水资源的可持续利用，适应国民经济和社会发展的需要而制定的法规。2018 年实施的《环境保护税法》（国令第 693 号），对城乡污水集中处理场所依法缴纳环境保护税以及相应的税收减免情形作出详细规定。2019 年 4 月修订的《中华人民共和国企业所得税法》对污水处理项目所得税减免和专用设备购置抵免作出规定。

2018 年修订的《中华人民共和国循环经济促进法》明确要求县级以上人民政府应当统筹规划建设城乡生活垃圾分类收集和资源化利用设施，建立和完善分类收集和资源化利用体系，提高生活垃圾资源化率。支持企业建设污泥资源化利用和处置设施，提高污泥综合利用水平，防止产生再次污染。

（二）行政法规

《排污费征收使用管理条例》是为了加强对排污费征收、使用的管理而制定的，由中华人民共和国国务院于 2003 年 1 月 2 日发布，自 2003 年 7 月 1 日起施行。该条例规定了排污者向城市污水集中处理设施排放污水、缴纳污水处理费用的，不再缴纳排污费；排污者建成工业固体废物贮存或者处置设施、场所并符合环境保护标准，或者其原有工业固体废物贮存或者处置设施、场所经改造符合环境保护标准的，自建成或者改造完成之日起，不再缴纳排污费；排污者缴纳排污费，不免除其防治污染、赔偿污染损害的责任和法律、行政法规规定的其他责任。2017 年 12 月，时任国务院总理李克强签署第 693 号国务院令，颁布《中华人民共和国环境保护税法实施条例》，自 2018 年 1 月 1 日起与《环境保护税法》同步施行，《排污费征收使用管理条例》同时废止。

2013 年 9 月 18 日国务院第 24 次常务会议通过《城镇排水与污水处理条

例》（自 2014 年 1 月 1 日起施行），目的是加强对城镇排水与污水处理的管理，保障城镇排水与污水处理设施安全运行，防治城镇水污染和内涝灾害，保障公民生命、财产安全和公共安全，保护环境。对于城镇排水与污水处理设施的建设投资、污水处理费的收缴与使用管理、污水处理设施运营服务费的拨付、污水处理水质检测与信息报送违规处罚、污水处理设施违规停运处罚等方面作出相应规定。

2020 年，国务院总理李克强签署国务院令，颁布《排污许可管理条例》（自 2021 年 3 月 1 日起施行）。2021 年颁发的《排污许可管理条例》（国令第 736 号）主要是为了加强排污许可管理，规范企业事业单位和其他生产经营者排污行为，控制污染物排放，保护和改善生态环境。

（三）部门规章

2003 年实施的《排污费征收标准管理办法》主要是为了加强和规范排污费资金的收缴、使用和管理，提高排污费资金使用效益，促进污染防治，改善环境质量，根据国务院《排污费征收使用管理条例》（国务院令第 369 号）等有关规定制定的。该办法对排污费的收缴管理、环境保护资金的支出范围、环境保护专项资金使用的管理以及排污费资金收缴使用的违规处理做了一系列规定。其中，规定了县级以上地方人民政府环境保护行政主管部门应按下列排污收费项目向排污者征收排污费，包括污水排污费、废气排污费、固体废物及危险废物排污费、噪声超标排污费。直到 2020 年 1 月废止。与此同时，为配合《排污费征收使用管理条例》的实施，由原国家环境保护总局颁布的《排污费征收工作稽查办法》自 2007 年 12 月 1 日起施行。这是为保障依法、全面、足额征收排污费，纠正排污费征收过程中的违法违规行为，2018 年 5 月 2 日根据生态环境部公布的《关于废止有关排污收费规章和规范性文件的决定》废止。

2014 年发布的《污水处理费征收使用管理办法》（财税〔2014〕151 号）是首次在国家层面针对污水处理收费和使用出台的管理办法。目的是规范污水处理费征收使用管理，保障城镇污水处理设施运行维护和建设，防治水污染，保护环境，根据《水污染防治法》《城镇排水与污水处理条例》的规定制定的。办法规定了污水处理费是按照"污染者付费"原则，由排水单位和个人缴纳并专项用于城镇污水处理设施建设、运行和污泥处理处置的资金；污水处理费属于政府非税收入，全额上缴地方国库，纳入地方政府性基金预算管理，实行专款专用；鼓励各地区采取政府与社会资本合作、政府购买服务等多种形式，共同参与城镇排水与污水处理设施投资、建设和运营，合理分担风险，实现权益融合，加强项目全生命周期管理，提高城镇排水与污水处理服务质量和运营效率；污水处理费的征收、使用和管理应当接受财政、价格、审计部门和上级城镇排水与污水处理主管部门的监督检查。

《城市供水价格管理办法》（2015）说明了污水处理费的标准根据城市排水管网和污水处理厂的运行维护和建设费用核定。2016 年由发展改革委、住建部颁布的《"十三五"全国城镇污水处理及再生利用设施建设规划》（发改环资〔2016〕2849 号）提出对污水处理行业的七项任务，包括完善污水收集系统、提升污水处理设施能力、重视污泥无害化处理处置、推动再生水利用、启动初期雨水污染处理、加强城市黑臭水体综合整治及强化监管能力建设，促进污水处理行业进一步发展。到 2020 年年底，实现城镇污水处理设施全覆盖，地级以上城市建成区黑臭水体均控制在 10% 以内、城市污泥无害化处置率达到 75%，城市和县城再生水利用率进一步提高。

2016 年 12 月，发展改革委和住房城乡建设部等部门发布的"十三五"全国城镇污水处理及再生利用设施建设规划（发改环资〔2016〕2849 号）指出：（1）到 2020 年年底，实现城镇污水处理设施全覆盖。城市污水处理率达到 95%，其中地级及以上城市建成区基本实现全收集、全处理；县城不低于85%，其中东部地区力争达到 90%；建制镇达到 70%，其中中西部地区力争达到 50%；京津冀、长三角、珠三角等区域提前一年完成。（2）到 2020 年年底，地级及以上城市建成区黑臭水体均控制在 10% 以内。直辖市、省会城市、计划单列市建成区要于 2017 年年底前基本消除黑臭水体。（3）地级及以上城市污泥无害化处置率达到 90%，其他城市达到 75%；县城力争达到 60%；重点镇提高 5 个百分点，初步实现建制镇污泥统筹集中处理处置。

2017 年 10 月，生态环境部联合发展改革委、水利部共同发布了《重点流域水污染防治规划（2016—2020 年）》（环水体〔2017〕142 号），将流域水生态保护作为五大重点治理方向之一，初步建立了重点流域水污染防治中央项目储备库，预计投资约 7000 亿元。明确流域分区、分级、分类管理的差异化要求，整体优化部署流域环境综合治理，为各地水污染防治工作提供了指南，对于促进《水十条》实施，把水污染防治融入新时代中国特色社会主义工作大局，改善环境质量、确保环境安全、促进转型发展，夯实全面建成小康社会的水环境基础具有十分重要的意义。

2018 年 1 月，由国务院颁布的《关于在湖泊实施湖长制的指导意见》，明确提出要强化湖泊管理工作，包括加强湖泊水资源保护、水污染防治及湖泊水环境整治力度，对湖区周围的城镇污染、农业污染、湖河流工矿企业污染提出处理要求，严厉打击污水排放及垃圾倾倒等违法行为。

2018 年 9 月，生态环境部、住房和城乡建设部等部门联合发布《关于加快制定地方农村生活污水处理排放标准的通知》，指出农村生活污水就近纳入城镇污水管网的，执行《污水排入城镇下水道水质标准》（GB/T31962 – 2015）。500 立方米/天（m/d）以上规模（含 500m/d）的农村生活污水处理设施可参照执行《城镇污水处理厂污染物排放标准》（GB18918 – 2002）。农村生活污水处理排放标准原则上适用于处理规模在 500m/d 以下的农村生活污水处理设施污染物排放管理，各地可根据实际情况进一步确定具体处理规模标准。

2018 年 12 月，生态环境部、国家发改委等部门发布《长江保护修复 攻坚战行动计划》（环水体〔2018〕181 号）中明确提出到 2020 年年底，长江流域水质优良（达到或优于Ⅲ类）的国控断面比例达到 85% 以上，丧失使用功能（劣于Ⅴ类）的国控断面比例低于 2%；长江经济带地级及以上城市建成区黑臭水体控制比例达 90% 以上；地级及以上城市集中式饮用水水源水质达到或优于Ⅲ类比例高于 97%；制定造纸、焦化、氮肥、有色金属、印染、农副食品加工、原料药制造、制革、农药、电镀十大重点行业专项治理方案，推动工业企业全面达标排放。

2019 年 4 月，住房和城乡建设部、生态环境部、国家发改委等部门联合发布《城镇污水处理提质增效三年行动方案（2019 – 2021 年）》中指出，经过 3 年努力，地级及以上城市建成区基本无生活污水直排口，基本消除城中村、老旧城区和城乡结合部生活污水收集处理设施空白区，基本消除黑臭水体，城市生活污水集中收集效能显著提高。

2020 年 3 月，中共中央办公厅、国务院办公厅发布的《关于构建现代环境治理体系的指导意见》明确指出，到 2025 年，建立健全环境治理的领导责任体系、企业责任体系、全民行动体系、监管体系、市场体系、信用体系、法律法规政策体系，落实各类主体责任，提高市场主体和公众参与的积极性，形成导向清晰、决策科学、执行有力、激励有效、多元参与、良性互动的环境治理体系。

2021 年，国家发展改革委、生态环境部等 10 部委联合印发了《关于推进污水资源化利用的指导意见》（发改环资〔2021〕13 号），旨在形成系统、安全、环保、经济的污水资源化利用格局，是继《关于非常规水源纳入水资源统一配置的指导意见》之后水处理领域又一实质政策措施。

（四）标准

水环境质量标准和污水排放标准是中国水环境保护标准体系的主要组成部分。在污水处理和排放标准方面，中国现行水环境质量标准是 2002 年 4 月 28 日由原国家环保总局和国家质量监督检疫总局发布的《地表水环境质量标准》（GB3838 – 2002），该标准根据地表水水域环境功能和保护目标，按功能高低依次划分为五类，其每一类都代表了处于该类的地表水的功能适用范围，即水质的可接受状态。中国现行污水排放标准分为《污水综合排放标准》（GB8978 – 1996）、《城镇污水处理厂污染物排放标准》（GB18918 – 2002）和工业行业污染物排放标准三类。2008 年以来，为了防止污染，保护和改善生态环境，保障人体健康，中国提高了部分工业行业的污染物排放标准。2008 年环保部和国家质量监督检疫总局颁布了《制浆造纸工业水污染物排放标准》（GB35442008）等 11 项标准；2010 年颁布了《淀粉工业水污染物排放标准》（GB25461 – 2010）等 8 项标准；2012 年颁布了《炼焦化学工业污染物排放标准》（GB16171 – 2012）等 8 项标准。

在污泥处理和排放标准方面，为指导污泥农用，1984 年中国城乡建设环境保护部发布了《农业污泥中污染物控制标准》（GB4284 – 84）。标准对污泥中的有害物质进行了限制，并规定了污泥农用地期限，在一定程度上对污泥农用的安全性初步给予了指导，但是，该标准年代久远，无法保障污泥土地的安全利用，而且中国缺乏对污泥农用的长期定位监测。为进一步明确污泥的处理处置方向，2000 年建设部、国家环保总局、科技部联合发布了《城市污水处理及污染防治技术政策》，对污泥的处理提出了要求。规定城市污水处理产生的污泥，应采用厌氧、好氧和堆肥等方法进行稳定化处理，也可采用卫生填埋方法予以妥善处理。经过处理后的污泥，达到稳定化和无害化要求的可为农田利用，否则应按有关标准和要求进行卫生填埋处置。2000 年，国家环境保护总局和国家技术监督检验总局批准发布《城镇污水处理厂污染物排放标准》（GB18918 – 2002）。该标准规定了污泥稳定化处理后的指标：无论是厌氧消化还是好氧消化有机物降解率都要大于 40%；并进一步规定了含水率、蠕虫卵死亡率、粪大肠菌群值等指标限值。

2007 年，国家对污泥处理处置的管理力度进一步加大。环境保护总局启动"环境技术管理体系建设",并将污水污泥列入首批试点的六大行业之一,并于 2008 年年初发布了《城市污水处理厂污水污泥处理处置最佳可行技术导则》(征求意见稿)。为有效规范污泥处理处置及其市场发展,建设部陆续制定和发布一系列污泥行业的标准,如《城市污水处理厂污泥检验方法》(CJ/T221 – 2005)、《城镇污水处理厂污泥处置分类》(CJ/T239 – 2007)、《城镇污水处理厂污泥泥质》(CJ/T247 – 2007)、《城镇污水处理厂污泥处置 园林绿化用泥质》(CJ/T248 – 2007)、《城镇污水处理厂污泥处置 混合填埋泥质》(CJ/T249 – 2007)《城镇污水处理厂污泥处置 制砖用泥质》(CJ/T 289 – 2008)、《城镇污水处理厂污泥处置 土地改良用泥质》(CJ/T291 – 2008)、《城镇污水处理厂污泥处置 单独焚烧用泥质》(CJ/T 290 – 2008)。

2009 年住房和城乡建设部又颁布《城镇污水处理厂污泥处理技术规程》(CJJ131 – 2009)(备案号 J891 – 2009)。在 2009 年的 2 月建设部、环保部和科技部联合发布了《城镇污水处理厂污泥处理处置及污染防治技术政策(试行)》,一方面,该技术政策明确了污泥处理处置的技术路线,规定在安全、环保和经济的前提下实现污泥的处理处置和综合利用,同时规定了污泥处理处置的保障措施;另一方面,提出了污泥处理处置的投融资机制,有利于污泥市场的发展。为了在污泥处理处置技术上给予引导,2010 年 2 月环境保护部发布了《城镇污水处理厂污泥处理处置污染防治最佳可行技术指南(试行)》,筛选出了污泥处理处置的最佳可行技术。技术政策和最佳可行技术指南的出台给中国城市污水处理厂污泥处理处置指明了方向,在很大程度上将促进中国污泥处理处置的发展。

在污水处理费征收标准方面,早在 1999 年国家相关部门联合颁布《关于加大污水处理费的征收力度的通知》(计价格〔1999〕1192 号),通知中就提及征收的污水处理费一部分用于城市排污管网和污水处理厂的运转经营,但未提及关于征收排污管网费用的具体意见,为普及城市污水处置费用收取政策,不断完善污水处理收费政策,确立了以"补偿成本、合理盈利"的方针来计算污水处理费。于 2002 年 9 月颁发的《关于推进城市污水、垃圾产业化发展的意见》建议确定污水处理费征收标准时,将污水处理管网部分投资建设成本纳入考量。

随后,国务院及中央部委相继出台相关法律和政策,明确了污水处理费的征收范围、征收标准、资金使用与管理等内容的合法合规性。直到 2014 年的《污水处理费征收管理办法》的出台,提出污水处理费的成本补偿的原则,要求各地依照覆盖污水处理设施可持续运营和污泥处理处置成本以及合理盈利的原则协定污水处理费的征收标准。因此，污水处理的成本构成影响了污水处理费的使用范围，尽管在国家和地方的有关规定中，均明确污水处理费标准需根据"保本微利"的原则确定，但对于污水处理成本的构成并没有形成统一的意见，特别是设施建设、管网运行维护等项目是否纳入成本核算，各项法规政策以及各地政府间都存在较大争议。

《关于制定和调整污水处理收费标准等有关问题的通知》于 2015 年印发并提出了城市、县城及重点建制镇的居民与非居民污水处理收费的最低标准，并表示可根据实际情况实行差别化的污水处理收费。

2018 年，国家出台《关于创新和完善促进绿色发展价格机制的意见》（以下简称《意见》）（发改价格规〔2018〕943 号），要求为企业污水排放实行差别化收费机制，提倡有条件的地区探索多种污染物差别化收费政策，可依据企业排放污水中污染物类别、浓度、环保信用评级等分类方式，分类分档制订差别化收费规范，差别化收费和分类分档制定标准为基于污水处理成本标准的定价方式奠定基础。至此，污水处理收费政策得以逐步完善。

（五）规范性文件

2000 年国务院发布《关于加强城市供水节水和水污染防治工作的通知》，提出水资源可持续利用是中国经济社会发展的战略问题，核心是提高用水效率。解决城市缺水的问题，直接关系到人民群众的生活，关系到社会的稳定，关系到城市的可持续发展，这既是中国当前经济社会发展的一项紧迫任务，也是关系现代化建设长远发展的重大问题。做好城市供水、节水和水污染防治工作，必须坚持开源与节流并重、节流优先、治污为本、科学开源、综合利用的原则，为城市建设和经济发展提供安全可靠的供水保障和良好的水环境，以水资源的可持续利用，支持和保障城市经济社会的可持续发展。提出了几点建议或者要求：提高认识，统一思想；统一规划，优化配置，多渠道保障城市供水；坚持把节约用水放在首位，努力建设节水型城市；坚决治理水污染，加强水环境保护；健全机制，加快水价改革步伐；加强领导，完善法规，提高城市供水、节水和水污染防治工作水平。

《入河排污口监督管理办法》（2005）是为了加强入河排污口监督管理，保护水资源，保障防洪和工程设施安全，促进水资源的可持续利用，根据《中华人民共和国水法》《中华人民共和国防洪法》和《中华人民共和国河道管理条例》等法律法规制定的。该办法规定入河排污口的设置应当符合水功能区划、水资源保护规划和防洪规划的要求。

2009 年 2 月住房和城乡建设部、环境保护部和科学技术部联合颁布了《城镇污水处理厂污泥处理处置及污染防治技术政策》（以下简称《技术政策》）用以指导各地开展污水处理厂污泥处理处置工作。该《技术政策》的颁布对推动城镇污水处理厂污泥处理处置技术进步，明确城镇污水处理厂污泥处理处置技术发展方向和技术原则，指导各地开展城镇污水处理厂污泥处理处置技术研发和推广应用，促进工程建设和运行管理，避免二次污染，保护和改善生态环境促进节能减排和污泥资源化利用等有重要意义。

2015 年 4 月，国务院颁布《水污染防治行动计划》（以下简称《计划》），也称"水十条"。《计划》提出要加大水污染防治工作，在加大政府投入力度、提高污水处理收费标准、落实税收政策、引导社会资本参与、推行绿色信贷、开展目标考核、激励社会监督等方面提出了要求。目标到 2020 年，长江、黄河、珠江等七大重点流域水质优良（达到或优于Ⅲ类）比例总体达到 70% 以上，地级及以上城市建成区黑臭水体均控制在 10% 以内。到 2030 年，全国七大重点流域水质优良比例总体达到 75% 以上，城市建成区黑臭水体总体得到消除，城市集中式饮用水水源水质达到或优于Ⅲ类比例总体为 95% 左右。

2016 年 11 月，国务院发布"十三五"生态环境保护规划（国发〔2016〕65 号）指出，全面加强城镇污水处理及配套管网建设，加大雨污分流、清污混流污水管网改造，优先推进城中村、老旧城区和城乡结合部污水截流、收集、纳管，消除河水倒灌、地下水渗入等现象。到 2020 年，全国所有县城和重点镇具备污水收集处理能力，城市和县城污水处理率分别达到 95% 和 85% 左右，地级及以上城市建成区基本实现污水全收集、全处理。提升污水再生利用和污泥处置水平，大力推进污泥稳定化、无害化和资源化处理处置，地级及以上城市污泥无害化处理处置率达到 90%，京津冀区域达到 95%；因地制宜实施城镇污水处理厂升级改造，有条件的应配套建设湿地生态处理系统，加强废水资源化、能源化利用。敏感区域（重点湖泊、重点水库、近岸海域汇水区域）城镇污水处理设施应于 2017 年年底前全面达到一级 A 排放标准。建成区水体水质达不到地表水Ⅳ类标准的城市，新建城镇污水处理设施要执行一级 A 排放标准。到 2020 年，实现缺水城市再生水利用率达到 20% 以上，京津冀区域达到 30% 以上。

2017 年 1 月，国务院发布的"十三五"节能减排综合工作方案（国发

〔2016〕74 号）明确要求，对城镇污水处理设施建设发展进行填平补齐、升级改造，完善配套管网，提升污水收集处理能力。合理确定污水排放标准，加强运行监管，实现污水处理厂全面达标排放。到 2020 年，全国所有县城和重点镇具备污水处理能力，地级及以上城市建成区污水基本实现全收集、全处理，城市、县城污水处理率分别达到 95%、85% 左右。

2017 年，为大力推进非常规水源开发利用，提高水资源配置效率和利用效益，水利部发布《关于非常规水源纳入水资源统一配置的指导意见》（水资源〔2017〕274 号），明确了非常规水源纳入水资源统一配置的总体要求、配置领域、强化措施、监督管理和组织保障。

2018 年 6 月，国务院发布的《关于全面加强生态环境保护坚决打好污染防治攻坚战的意见》中指出，水污染防治总体目标中，全国地表水 I—III 类水体比例达到 70% 以上，劣 V 类水体比例控制在 5% 以内；近岸海域水质优良（一类、二类）比例达到 70% 左右；打好长江保护修复攻坚战，排查整治入河入湖排污口及不达标水体，市、县级政府制定实施不达标水体限期达标规划；打好渤海综合治理攻坚战，全面整治入海污染源，规范入海排污口设置，全部清理非法排污口。

2018 年《生态环境部贯彻落实〈全国人民代表大会常务委员会关于全面加强生态环境保护依法推动打好污染防治攻坚战的决议〉实施方案》（环厅〔2018〕70 号），进一步明确了污水排放和环境整治等方面的整治力度。《关于全面加强生态环境保护，坚决打好污染防治攻坚战的意见》（中发〔2018〕17 号）指出，打好水源地保护攻坚战；打好城市黑臭水体治理攻坚战；打好长江保护修复攻坚战；打好渤海综合治理攻坚战；打好农业农村污染治理攻坚战。《国务院办公厅关于保持基础设施领域补短板力度的指导意见》（国办发〔2018〕101 号）指出，促进农村生活垃圾和污水处理设施建设；支持城镇生活污水、生活垃圾、危险废物处理设施建设，加快黑臭水体治理；支持重点流域水环境综合治理；规范有序推进政府和社会资本合作（PPP）项目。《关于创新和完善促进绿色发展价格机制的意见》（发改价格规〔2018〕943 号）对完善污水处理收费政策、建立价格机制和优惠扶持等方面作出规定。

2019 年，《关于从事污染防治的第三方企业所得税政策问题的公告》（财政部公告 2019 年第 60 号）提出，对符合条件的从事污染防治的第三方企业减按 15% 的税率征收企业所得税。2020 年，为贯彻落实党中央、国务院决策部署和《政府工作报告》要求，加快补齐城镇生活污水处理短板弱项，推进新型城镇化建设，国家发展改革委、住房城乡建设部研究制定了《城镇生活污水处理设施补短板强弱项实施方案》（发改环资〔2020〕1234 号），各项政策出台为污水处理行业带来了新的发展机遇，未来中国污水处理行业将蓬勃发展。

党中央、国务院高度重视为流域水生态环境保护提供了重要机遇。党的十九大提出了 2035 年"生态环境根本好转，美丽中国目标基本实现"的奋斗目标，为未来一段时期水生态环境保护指明了方向。2018 年全国生态环境保护大会确立的习近平生态文明思想，为新时代推进生态文明建设、加强生态环境保护、打好污染防治攻坚战提供了方向指引和行动指南。党中央、国务院一直高度重视流域保护工作，对于长江、黄河两条母亲河，更是提升到了国家重大战略的高度。

国务院机构改革进一步理顺了涉水管理体制，将水功能区划编制、排污口监管等职能调整到生态环境部，在水生态环境治理领域"打通"了地上和地下、岸上和水里、陆地和海洋、城市和农村的统一监管，初步破解了"九龙治水"的局面。此举有利于完善流域水生态环境管理体系，将原有分散管理的污染源、排污口、水功能区、控制断面等对象有机整合，以流域控制单元为基础合力推进水污染防治、水资源管理和水生态保护，强化"山水林田湖草"系统治理，推进水生态环境治理体系和治理能力现代化。

人民群众对美好环境的向往对水生态环境保护提出了更高的要求。党的十九大要求，"提供更多优质生态产品以满足人民日益增长的优美生态环境需要"。老百姓对景观娱乐、文化休闲等生态环境功能的需求与日俱增，对水生态环境保护工作提出了更高的要求；单纯的水质改善距离"美丽中国"水生态环境内涵仍有较大的差距。

第四节　中国城镇水污染治理行业发展现状

一、全国污水治理总体发展现状

近几年，随着国家政策大力支持以及污水年排放量持续增加，中国污水处理厂数量增加，污水处理能力大幅提升，污水处理量持续攀升。根据数据显示，2019 年，中国污水处理厂数量 2471 座，同比增长 6.5%，污水处理厂污水处理能力 17863 万立方米/日，同比增长 5.8%，预计 2020 年污水处理厂数量将突破 2500 座，污水处理能力将增至 18000 万立方米/日；2019 年污水年处理量增至 525.85 亿立方米，污水处理率 96.81%；预计 2020 年污水年处理量将增至 556 亿立方米，污水处理率提高至 97.86%（见图 3 - 8、图 3 - 9）。

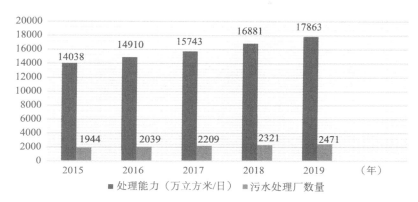

图 3 - 8　2015—2019 年中国城市污水处理厂数量及处理能力统计情况

资料来源：观研天下。

图 3 - 9　2015—2019 年中国城市污水处理量及污水处理率情况

资料来源：观研天下。

随着环保意识的加强、政策的引导，各地方政府加大环保资金投入，建设各类污水处理厂，中国水污染治理行业市场规模快速扩大，未来市场空间潜力巨大。根据数据显示，2020 年中国水环境治理领域市场规模达到 1203.5 亿元，即将进入爆发式增长期（见图 3 - 10）。

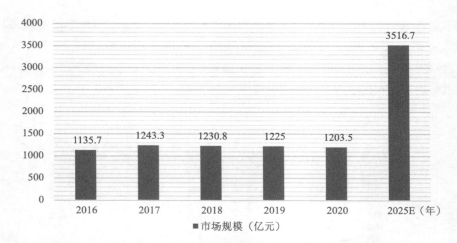

图 3－10　2016—2025 年中国水环境治理市场规模及预测情况

资料来源：观研天下。

与此同时，水环境污水治理行业作为环保产业的重要组成部分，主要包括市政污水处理、工业废水处理和村镇污水处理等。其中，农村和城市污水治理持续保持较高增速，2020 年市场规模分别达到 3206.5 亿元、3969.5 亿元，预计 2025 年将分别达到 7177.9 亿元、8451 亿元；工业废水处理行业随着产业端环保力度加大，市场规模快速增加，2020 年为 2311.8 亿元，预计 2025 年将达到 5341.1 亿元（见图 3－11、图 3－12）。

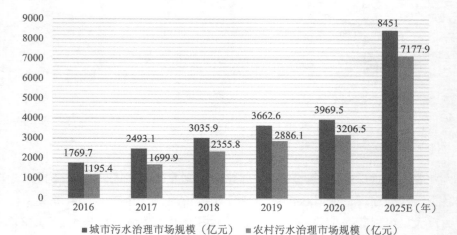

图 3－11　2016—2025 年中国城市、农村污水处理市场规模及预测情况

资料来源：观研天下。

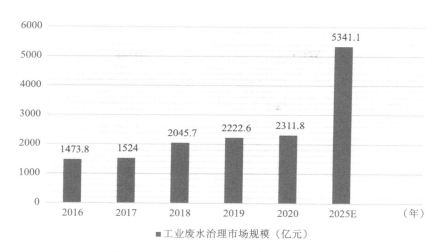

图 3 – 12　2016—2025 年中国工业废水处理市场规模及预测情况

资料来源：观研天下。

农村污水处理作为中国打造农村美丽村庄的重要环节，国家对其重视程度不断加深。根据 2020 年住建部公布的 2019 年数据显示，对污水进行处理的建制镇及乡的数量分别为 11186 个和 3156 个，建制镇污水处理覆盖率达到 59.7%，乡级行政区覆盖率达到 33.3%，依然有较大的未覆盖区域规模。由此可见，中国农村污水处理行业市场空间潜力巨大（见图 3 – 13、图 3 – 14）。

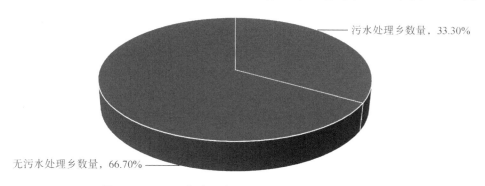

图 3 – 13　2019 年中国有无污水处理乡数量占比情况

资料来源：观研天下。

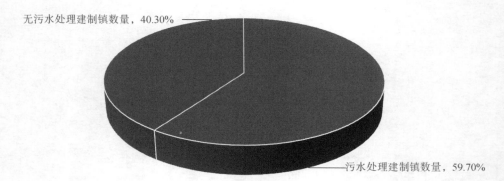

图 3 - 14 2019 年中国有无污水处理建制镇数量占比情况

资料来源：观研天下。

与此同时，随着人工智能、物联网等科学技术的发展，中国水污染治理行业将向智能化转型，进而实现水污染的全时智能监控与检测、最佳处理流程与工艺的选取、处理效果的模拟与验证等。

二、各省市的污水处理行业现状

从污水处理率看，有 19 个省（市、自治区）城市污水处理率超过 96%，其中湖北省城市污水处理过剩，污水处理率超过 100%。北京市、新疆建设兵团、河北省污水处理率达到 98% 以上。黑龙江省污水处理率全国最低，仅为 92.78%。

从污水处理厂数量上看，目前广东省城市拥有最多污水处理厂，污水处理量全国第一，但是污水处理率全国排第 16，为 96.72%。

山东省污水处理厂排名第二，污水处理量排名第三，但是污水处理率远超广东省和江苏省，达到 97.99%，全国排名第五（见表 3 - 3）。

表 3 - 3　　　　　　2019 年各省城市的污水处理现状及排名

排名	省份	污水处理率（%）	排名	省份	污水处理厂（座）	排名	省份	污水处理总量（万立方米）
1	湖北	100.26	1	广东	301	1	广东	782028
2	北京	99.31	2	山东	217	2	江苏	454419
3	新疆	98.46	3	江苏	206	3	山东	347218
4	河北	98，34	4	四川	141	4	浙江	330684

续表

排名	省份	污水处理率（%）	排名	省份	污水处理厂（座）	排名	省份	污水处理总量（万立方米）
5	山东	97.99	5	辽宁	117	5	辽宁	282724
6	新疆	97.81	6	河南	105	6	湖北	260764
7	河南	97.72	7	浙江	99	7	四川	224978
8	广西	97.47	8	湖北	98	8	湖南	220486
9	内蒙古	97.41	9	河北	93	9	上海	215233
10	重庆	97.19	10	安徽	84	10	河南	202583
11	甘肃	97.11	11	湖南	83	11	北京	197954
12	湖南	97.09	12	贵州	82	12	安徽	184142
13	安徽	97.06	13	重庆	69	13	河北	176176
14	浙江	96.95	14	黑龙江	68	14	广西	133791
15	贵州	96.84	15	北京	67	15	福建	132041
16	广东	96.72	16	江西	62	16	重庆	130759
17	上海	96.27	17	云南	57	17	吉林	124109
18	辽宁	96.20	18	广西	56	18	陕西	120815
19	江苏	96.14	19	福建	53	19	黑龙江	110248
20	天津	95.97	20	陕西	52	20	天津	105707
21	宁夏	95.85	21	吉林	51	21	云南	102979
22	山西	95.78	22	内蒙古	44	22	江西	98879
23	云南	95.73	23	山西	44	23 A	山西	82816
24	陕西	95.54	24	上海	42	24	贵州	72643
25	江西	95.39	25	天津	41	25	内蒙古	67443
26	四川	95.29	26	新疆	36	26	新疆	65020
27	福建	95.25	27	甘肃	27	27	甘肃	44935
28	吉林	95.19	28	宁夏	23	28	海南	33596
29	青海	95.15	29	海南	23	29	宁夏	26467
30	西藏	94.94	30	青海	12	30	青海	17553
31	海南	93.71	31	新疆	9	31	新疆	10962
32	黑龙江	92.78	32	西藏	9	32	西藏	9130

注：污水处理率为前瞻根据住建部公布的各省（市、自治区）县城污水排放量及污水处理量数据进行的测算，污水处理率＝各省（市、自治区）县城污水处理量/污水排放量。

县城污水处理方面，重庆市的县城污水处理率全国排名第一，为98.24%。河北省和山东省的县城污水处理排名第二和第三，但是山东省的县城污水处理总量排名第一，达到87629万立方米。

从污水处理厂数量上看，四川省县城污水处理厂数量最多，为122座，但是四川省污水处理率仅为86.65%（见表3-4）。

表3-4 　　　　　　　　2019年各省县城的污水处理现状及排名

排名	省份	污水处理率（%）	排名	省份	污水处理厂（座）	排名	省份	污水处理总量（万立方米）
1	重庆	98.24	1	四川	122	1	山东	87629
2	河北	98.13	2	河南	118	2	湖南	84104
3	山东	97.20	3	河北	106	3	河南	77852
4	辽宁	96.58	4	云南	100	4	河北	70523
5	浙江	96.51	5	贵州	96	5	安徽	59156
6	河南	96.40	6	湖南	84	6	四川	55299
7	湖南	96.17	7	山西	84	7	浙江	50970
8	内蒙古	96.12	8	山东	81	8	江西	44138
9	宁夏	95.83	9	江西	74	9	广西	37066
10	安徽	95.29	10	陕西	73	10	江苏	36616
11	吉林	94.68	11	内蒙古	69	11	福建	35890
12	山西	94.67	12	新疆	69	12	湖北	33659
13	甘肃	93.95	13	甘肃	65	13	广东	32566
14	福建	93.85	14	广西	65	14	云南	31401
15	新疆	93.83	15	安徽	64	15	山西	30063
16	陕西	93.48	16	黑龙江	48	16	内蒙古	26831
17	云南	92.70	17	福建	45	17	陕西	24525
18	广西	92.59	18	浙江	43	18	贵州	24452
19	黑龙江	91.98	19	广东	43	19	新疆	22443
20	湖北	91.41	20	湖北	42	20	辽宁	18163
21	广东	91.36	21	青海	38	21	黑龙江	17023
22	江西	90.23	22	江苏	31	22	甘肃	13113
23	江苏	89.85	23	辽宁	30	23	重庆	12101
24	贵州	88.64	24	重庆	20	24	吉林	11062
25	四川	86.65	25	吉林	18	25	海南	8075

续表

排名	省份	污水处理率（%）	排名	省份	污水处理厂（座）	排名	省份	污水处理总量（万立方米）
26	青海	86.56	26	宁夏	15	26	宁夏	6844
27	海南	72.63	27	海南	14	27	青海	4426
28	西藏	28.55	28	西藏	12	28	西藏	1067

在农村污水处理方面，江苏省内对生活污水进行处理的建设镇数量占比最高，基本接近 100%，上海市内对生活污水进行处理的乡数量占比达到 100%。而海南省内对生活污水进行处理的建设镇和乡数量占比最少，并且截至 2019 年年底，海南省目前并未有任何一个乡对生活污水进行处理（见表 3－5）。

表 3－5 　　　　　2019 年各省建设镇的污水处理现状及排名

排名	省份	对生活污水进行处理的建设镇数量占比（%）	排名	省份	污水处理厂（座）	排名	省份	污水日处理能力（万立方米/日）
1	江苏	99.85	1	四川	1614	1	广东	460.44
2	福建	97.84	2	福建	1494	2	江苏	365.95
3	重庆	97.78	3	山东	791	3	山东	289.75
4	上海	96.88	4	重庆	700	4	四川	198.34
5	浙江	95.96	5	江苏	684	5	浙江	178.04
6	山东	90.14	6	安徽	582	6	福建	150.69
7	宁夏	87.84	7	广东	545	7	湖北	105.41
8	湖北	85.28	8	江西	512	8	河南	87.7
9	北京	83.33	9	湖北	480	9	安徽	81.16
10	四川	78.2	10	云南	431	10	重庆	71.21
11	安徽	77.71	11	广西	407	11	河北	70.42
12	天津	72.57	12	贵州	383	12	湖南	56.33
13	贵州	67.71	13	河南	311	13	广西	44.69
14	广西	66.1	14	陕西	297	14	贵州	39.52
15	广东	59.49	15	浙江	276	15	上海	34.51
16	江西	57.4	16	湖南	269	16	辽宁	30.19
17	湖南	56.91	17	甘肃	130	17	北京	30.06
18	河南	46.1	18	辽宁	129	18	陕西	29.2
19	云南	43.84	19	河北	110	19	云南	28.34

续表

排名	省份	对生活污水进行处理的建设镇数量占比（%）	排名	省份	污水处理厂（座）	排名	省份	污水日处理能力（万立方米/日）
20	陕西	40.52	20	北京	97	20	江西	20.63
21	甘肃	34.63	21	山西	72	21	山西	19.18
22	辽宁	31.8	22	天津	71	22	吉林	17.94
23	新疆	30.64	23	宁夏	63	23	甘肃	15.35
24	山西	29.85	24	吉林	50	24	天津	14.12
25	青海	27.18	25	内蒙古	47	25	黑龙江	10.51
26	河北	21.65	26	新福	38	26	内蒙古	8.57
27	吉林	20.62	27	黑龙江	33	27	宁夏	6.95
28	内蒙古	19.91	28	上海	16	28	新疆	5.94
29	黑龙江	11.83	29	海南	9	29	海南	4.55
30	西藏	10.14	30	西藏	5	30	青海	1.54
31	海南	6.96	31	青海	4	31	西藏	0.12

从污水处理厂建设上看，无论是建设镇还是乡，四川省是平均拥有最多污水处理厂的省份。广东省建设镇污水日处理能力最强，为460.44万立方米/日；而湖南省的乡污水日处理能力最强，为21.33万立方米/日（见表3-6）。

表3-6　　　　　　2019年各省乡的污水处理现状及排名

排名	省份	对生活污水进行处理的乡数量占比（%）	排名	省份	污水处理厂（座）	排名	省份	污水日处理能力（万立方米/日）
1	上海	100	1	四川	474	1	湖南	21.33
2	江苏	97.37	2	福建	256	2	四川	17.88
3	福建	95.38	3	重庆	156	3	福建	15.13
4	重庆	92.66	4	安微	156	4	安徽	6.54
5	浙江	91.6	5	江西	120	5	湖北	6.08
6	湖北	88.2	6	云南	106	6	贵州	5.8
7	安徽	75.95	7	湖北	100	7	重庆	4.87
8	山东	73.13	8	河南	77	8	宁夏	4.07
9	广东	71.43	9	贵州	60	9	江西	3.99
10	天津	66.67	10	江苏	44	10	山东	3.93
11	北京	53.33	11	浙江	37	11	河南	3.48
12	贵州	45.24	12	山东	33	12	浙江	3.21

续表

排名	省份	对生活污水进行处理的乡数量占比（%）	排名	省份	污水处理厂（座）	排名	省份	污水日处理能力（万立方米/日）
13	江西	44.04	13	宁夏	33	13	云南	2.46
14	河南	39.15	14	湖南	32	14	江苏	2.43
15	四川	38.68	15	广西	32	15	河北	2.25
16	陕西	38.1	16	新疆	25	16	新疆	1.37
17	湖南	37.77	17	甘肃	24	17	广西	0.92
18	宁夏	37.5	18	辽宁	11	18	广东	0.68
19	甘肃	30.51	19	山西	10	19	吉林	0.63
20	云南	29.5	20	河北	9	20	甘肃	0.4
21	广西	16.29	21	陕西	7	21	山西	0.38
22	新疆	16.24	22	广东	6	22	内蒙古	0.25
23	山西	15.2	23	吉林	6	23	青海	0.13
24	吉林	12.2	24	黑龙江	4	24	辽宁	0.09
25	内蒙古	11.67	25	北京	3	25	天津	0.08
26	辽宁	11.58	26	内蒙古	3	26	陕西	0.08
27	河北	9.45	27	天津	2	27	黑龙江	0.07
28	青海	7.56	28	青海	2	28	上海	0.05
29	黑龙江	4.75	29	西藏	2	29	北京	0
30	西藏	2.81	30	上海	0	30	西藏	0
31	海南	0	31	海南	0	31	海南	0

三、企业竞争格局

根据 E20 研究院[①]组织评估，北控水务集团有限公司、北京首创股份有限公司、中环保水务投资有限公司、广东粤海水务股份有限公司、苏伊士新创建有限公司、北京碧水源科技股份有限公司、中国光大水务有限公司、天津创业环保集团股份有限公司、中节能国祯环保科技股份有限公司、中持水务股份有限公司 10 家企业入选 2020 水业十大影响力企业（见表 3 - 7）。

---

① 北京易二零环境股份有限公司下设的研究院。

表 3 - 7　　　　　　　　　2020 年水业十大影响力企业

序号	企业	获奖理由
1	北控水务集团有限公司	持续发掘水务领跑企业新动能,"破局"变革生产力,依托存量规模优势,继续精耕细作,构建运营管理核心竞争力;生态型企业发展势头强劲,连续多年领跑水务业绩榜;积极服务国家重大生态环保战略,多元化深入布局水务项目
2	北京首创股份有限公司	首都创业集团旗下国有控股环保旗舰企业;坚持"生态 +"战略引领,打造环保综合治理大布局,水务规模持续领先;践行绿色发展理念,持续优化运营管理服务模式,树立高质量环保项目典范;科技创新引领动能转换,数字化转型推动产业发展
3	中环保水务投资有限公司	中节能旗下水务平台公司,抗疫情突显央企责任担当;探索多元化发展路径,激发内生动力,强化运营管理服务模式,巩固市政水务竞争优势,提升科技创新集成能力,打造核心竞争力;践行央企社会责任,服务重大国家战略
4	广东粤海水务股份有限公司	广东省属水务国企典范,水安全管理企业典型代表;依托属地性及品牌优势,长期深耕粤港澳大湾区并不断向全国范围拓展;聚焦水资源领域,原水供应规模行业领跑企业;持续探索水安全管理新模式,多元化推进智慧水务领域稳健布局
5	苏伊士	水务外资企业典范,"塑造苏伊士 2030"战略重塑品牌新价值;依托集团技术实力和全球范围内累积的管理经验,多点发力水务市场,打造智慧化全流程管理模式;专业化运营助力市政水务领域稳健发展,技术创新推进工业领域深化布局
6	北京碧水源科技股份有限公司	国资入主后强强联手,水务市场多点开花,业务版图稳健扩张;依托多年膜技术积淀,积极推动污水资源化利用,持续开拓海水淡化等新兴领域;坚持技术驱动市场,继续保持创新优势,膜技术研发再获突破
7	中国光大水务有限公司	依托光大品牌及资金优势,融资渠道顺畅并持续加强水务市场拓展力度,实现全产业链业务稳步发展;继续巩固水处理业务布局,收购中标双管齐下;坚持科技创新,加强精细化管理,积极布局智慧水务
8	天津创业环保集团股份有限公司	扎实稳健的地方国企典范;沪港两地水务上市公司,依托品牌及上市公司资本优势,在持续开拓异地业务的同时,继续深化运营管理模式,探寻内生发展动能;积极拓展战略新兴业务;坚持技术创新,科技成果提质升级
9	中节能国祯环保科技股份有限公司	老牌水务企业代表,中节能入主实现业务新发展;依托二十余年技术与运营经验积累,水务市场捷报频传,污水处理业绩稳健增长;坚持绿色发展理念,打造生态型"六维服务"新模式,践行长江大保护生态战略

续表

序号	企业	获奖理由
10	中持水务股份有限公司	水务环保上市公司新贵代表，以技术为依托，实现水务多领域生态布局；坚持技术创新驱动，持续完善技术产品迭代，建成首座污水处理概念厂并实现多地升级推广；践行企业社会责任，携手三峡共抓长江大保护

在细分领域方面，天津膜天膜科技股份有限公司、浙江开创环保科技股份有限公司、天津万峰环保科技有限公司等 14 家企业入选 2020 年市政环境领域领先企业榜单。江西金达莱环保股份有限公司、浙江双良商达环保有限公司、安徽舜禹水务股份有限公司入选 2020 年村镇污水处理领域领先企业榜单。

从企业水务总规模来看，截至 2019 年年底，北控水务已经达到 5070 万吨/日，遥遥领先于其他企业。从市政污水规模来看，北控水务也位居榜首，达到 3035 万吨/日。

图 3 – 15 是 2019 年中国水务总规模及市政污水规模前十名企业。

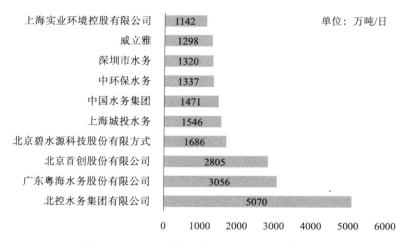

图 3 – 15　2019 年中国水务总规模前十名企业

图 3 – 16 是 2019 年市政污水处理总规模前十名企业。

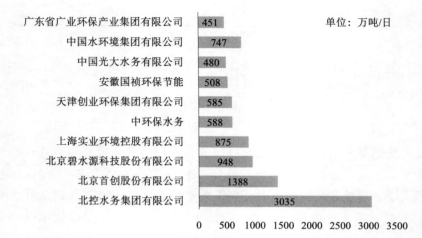

图 3 – 16 2019 年市政污水处理总规模前十名企业

从整体来看，未来我国污水处理需求将会逐渐往经济欠发达地区发展，提标改质是未来我国城镇污水处理的主要增长点，农村污水处理发展空间巨大。此外，我国污水处理长期存在"重厂轻网"问题。一方面，污水处理设施虽然已经建成，但是由于收集管网不到位，"晒太阳工程"低负荷率的情况时有发生；另一方面，由于管网年久失修、破损渗漏以及错误接驳，影响河道水质。相对于污水处理厂有明确的收费来源，管网的建设和维护基本依赖政府付费，给地方政府带来较大的压力，因此这也是未来我国污水处理模式创新的重点与难点。在市场竞争方面，PPP 政策趋严、项目绩效考核强化，促使拥有不同优势的市场主体加速资产整合，领先企业积极并题，巩固市场地位，除传统水务公司外，外部企业也纷纷通过并购等方式跨界进入污水处理行业，转型进入污水处理领域，市场竞争呈现多元化趋势，同时促进行业加速走向集中。

在"十二五"期间，国家对城镇污水处理及再生利用设施投资规模达到4298 亿元。在"十三五"期间，国家对城镇污水处理及再生利用设施投资规持续增长，达 5644 亿元，其中用于城镇污水处理及再生利用设施建设部分的投资中占比最高的两项分别是新建配套污水管网投资与新增污水处理设施，两项合计占比"十三五"规划中污水相关部分投资近一半规模，可见在"十三五"期间，水环境治理市场的主要需求仍在于新建产能及管网配套。

根据"十三五"规划中针对水环境治理领域的投资规模，同时结合新时期的农村水环境治理与几大流域生态治理的工程总量与复杂程度综合分析，"十四五"规划中针对水环境治理的投资规模或进一步升级加码。中国污水处理市场仍有较大发展空间。

第四章

污水治理成本及影响因素分析

第一节　污水治理行业的经济特性

　　水是人类生活和生产活动中不可缺少的物质资源和环境要素。然而人在生活和生产的过程中排放出的废弃物也会对水体产生大量污染。水污染是指水体因某种物质的介入，而导致其化学、物理、生物或者放射性等方面特征的改变，从而影响水的有效利用，危害人体健康或者破坏生态环境，造成水质恶化的现象。水体污染源主要有两种类型：一是"点源"，主要是指工业污染源和生活污染源，如工业废水、矿石废水和城市生活污水；二是"面源"，主要是农村污水和灌溉污水。根据来源进行分类，可以将污水分为生活污水和生产污水。生活污水是人们在日常生活中如厨房洗涤、冲洗厕所和沐浴等环节产生的污水，污水中含有各种形式的无机物和有机物的复杂混合物，包括：（1）漂浮和悬浮的大小固体颗粒；（2）胶状和凝胶状扩散物；（3）纯溶液。工业污水是指工业生产过程中所排出的对环境污染严重的废水。

　　污水的定义是指在生产与生活中排放的水的总称。污水通常是指受一定污染的来自生活、生产的排出水，由于水里掺入了其他物质或是因为外界条件的变化，导致水变质而丧失了其原来的使用功能。污水处理的含义，根据国家统计局的定义，污水处理及其再生利用是指对污水的收集、处理及净化的活动。包括对污水的收集、处理及深度净化。简单来说，"污水处理"由城镇排水管网将污水汇集并输送到污水处理厂，通过物理的、化学的手段，去除水中一些对生产、生活不需要的物质的过程，是为了适用于特定的用途而对水进行的沉降、过滤、混凝、絮凝，以及缓蚀、阻垢等水质调理的过程。

从服务的角度讲，污水处理是将各类用户使用过的污水通过管网收集起来，然后通过污水输配管网将污水输送到污水处理厂，在污水处理厂对污水进行不同等级的处理，然后将处理过的污水直接排放到水体或进行回收再利用。从产品的角度讲，污水处理为人类提供了清洁的水环境，因为污水处理系统对城市生产和生活等产生的各类污水进行处理，处理达标后的水再回到水体，这一过程能保护和改善城市水环境。从治理环境污染的角度讲，污水处理是利用人造工艺的方式来解决水污染问题，减少污染物排入自然水体的过程，以达到保护环境的目的。污水处理的实质是改变污水的性质，使其不对水环境造成危害而采取的措施。污水处理也可以分为生产污水处理和生活污水处理。生产污水包括工业污水、农业污水以及医疗污水等，而生活污水就是日常生活产生的污水。污水处理被广泛应用于建筑、交通、能源、石化、环保、城市景观、医疗、餐饮等各个领域，也越来越多地走进寻常百姓的日常生活。本书的污水处理是指在相应的城市、县城辖区内的生活污水处理。

城市污水处理根据处理的程度，可以分为一级处理、二级处理和三级处理。一级处理主要是物理处理；二级处理主要是生物处理；三级处理主要在二级处理的基础上进一步净化处理，达到可回用的目的。典型的城市污水处理流程如图 4-1 所示。

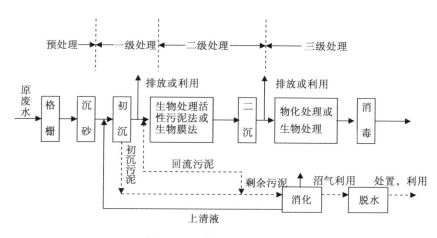

图 4-1 城市污水处理流程

污水处理行业具有区域的自然垄断性。主要表现在污水处理行业的资产的专用性和沉淀性、网络性、规模经济、成本的弱增性和区域性的特点。

资产的专用性。污水处理行业的投资不管是专用的设备还是管网的投资，都是特定的投资，这些投资形成的资产只能用于污水的收集和处理，很难用于其他用途，而且投资额巨大，很难在短期内收回，形成大量的沉淀成本。因此，新企业很难加入进来，存在进入壁垒。这决定了该行业有较高的进入和退出的门槛，即形成自然垄断。所以污水处理企业大部分都由政府直接垄断经营和由受政府管制的私人企业间接经营。原来中国的污水处理厂都是由国家直接进行经营的，这几年，随着市场化进程的推进，国内不少城市的污水处理出现了公私合营和政府特许经营。

网络性。由于污水具有物理性质上的不可压缩性，污水的收集、输送和排放都必须依托固定的管网。管网是污水处理系统中处于基础的地位，所以污水处理系统是一种典型的区域网络性基础设施产业。网络性的特征决定了污水处理系统的整体性，同一网络体系各部分相互联系，不可分割，这个系统的有效运行是一个复杂的系统工程，具体表现为污水处理的收集、处理、排放、投资、设计、建设和运行在内的各个环节之间是紧密联系的，牵一发而动全局，如城市的污水处理能力和管网的收集传输能力必须相匹配，否则就会造成污水处理能力闲置或污水处理能力不足。在设计污水处理厂时就要把城市发展、城市的规划、人口的增长、经济增长、水资源状况、产业状况等许多的因素综合考虑，规划污水收集网络、污水处理厂的选址、处理能力和处理工艺的设计。

规模经济。污水处理企业的规模经济主要表现为：在一定的技术下处理污水达到国家规定的标准，随着处理量扩大而形成的成本的下降。污水处理厂的规模通常以未来20—25年服务需求为基础确定。管网越完善、覆盖面越大，污水收集率就越高，由此带来的规模经济和范围经济就越显著。随着城市的发展，排放污水量的增多，污水收集管网铺成后，收集污水的边际成本就很小，污水处理能力得到充分的利用，其单位处理成本就会下降。污水的收集必须借助于能覆盖其服务范围的管网，在同一区域重复建设管网，并由多家企业竞争性的经营这些管网需要以巨大的沉淀成本为代价，往往效率较低。

成本弱加性。污水处理行业资产的专业性、规模经济和网络性的特性，在一个城市不可能建设两套污水收集系统。污水收集和处理系统所含辖区一旦确定，其经营和占有率就具有支配性，即由单个污水处理企业提供污水处理的总成本要小于多个污水处理企业提供污水处理成本的总成本，即存在成本的弱加性。

区域性，污水集中处理受到城市规模和管网的限制，污水处理行业具有鲜明的区域性，而且往往一个城市的建城区域就是这个城市的污水收集的区域，很难建立覆盖多个城市的中国性的排水管网，而且长距离的传输配送反而会呈现出规模不经济。因此，污水处理行业具有区域的自然垄断性。

污水处理是指对废水进行净化与处理，用各种方法将污水中所含的染物分离出来或将其转化为无害物，使废水经过处理后达到一定的排放水质标准，使污水得到净化，或者对其进行回收再利用的过程。污水处理行业是由具有污水处理企业相似特征及相关单位组成的一个集合体，具有以下特征：

（1）区域自然垄断性。污水处理行业是一个具有地区性和自然垄断作用的行业。区域自然垄断性主要划分为资产与成本两方面。

资产方面。污水处理行业中的投入的专用设备或者是对于管网的一种投资，是特殊性的投入。这些投资仅能用于污水处理，无法作为其他用途，积累了大量的沉淀成本。其中，管网是污水的收集、输送以及处理的基础设施，是污水处理系统的核心。管网系统具有区域网络性的特征，系统的每一个部分是必不可分的，部分的变化必将引起整个系统的变动。系统特性将会导致污水处理企业在设计的时候，将会考虑更多的因素。例如，城市规划、城市的发展、经济与人口的增长等因素的综合考虑。管网的特定性以及网络性，使得污水处理行业形成了一个壁垒，难以让新企业进来，形成区域自然垄断性。

成本方面。根据规模经济效率理论，随着经营规模的扩大而平均成本会下降，污水处理企业的平均成本会随着处理量的增加而减少。污水处理企业是根据城市规划超前设计，前期管网污水的收集率较低，随着城市的发展，污水处理企业的收集率越高，平均成本就越低。管网的铺设会受到城市规划的限制，污水处理行业具有区域性，管网难以跨多个城市铺设，将会增加成本。因此，污水处理行业具有自然区域垄断性。

（2）投资规模大、投资回收期长。污水处理行业是资金密集型、资金沉淀的行业，投资一座中型的污水处理企业至少在9000万元以上，投资成本大多数用于管网的铺设以及污水设备，前期需要大规模的投资成本，后期的运行成本较低，属于投资推动型的行业。污水处理行业是属于公益性事业，对改善居住环境具有重要的影响，受到政府的管控，是一个投资风险较低的行业。因此，污水处理行业属于投资回报率较低，投资回收期较长的行业。

（3）与宏观经济、国家政策的相关性。污水治理行业与国家经济水平密切相关，国家经济发展阶段不同导致国家采取的政策也有所不同，都会影响着污水处理行业。改革开放初期，国家重心在于经济建设，不重视环境治理，走西方"先污染后治理"的老路，导致国家水环境严重污染。据国家信息中心统计，中国有 400 个城市缺水，带来经济损失高达 2000 亿元，而后国家实施的《污水处理费征收使用管理办法》使污水处理行业迅速发展，同时水环境得到了相应的保护。

（4）公益性。污水处理行业能够改善城市的水环境，减少水污染，提高居民生活质量，污水处理行业是一个公益性行业。随着全球经济的快速发展，带来了严重的环境污染，而水环境的污染尤其严峻，水环境的污染导致城市缺水，给国家带来了经济损失。污水处理行业能够减少水污染，有效改善水环境的质量，改善居民生活水平以及身体健康。水资源是每个居民生存的必要基础，政府有责任和义务提供有效污水处理服务。因此，污水处理行业具有公益性。

（5）产品间接面向客户。污水处理行业对达标排放的水资源不直接面对客户收取水费以及排污费，客户使用了水资源且产生的污水对自然环境造成了污染，也不会直接面向客户。对污水的收集、处理都不直接面向客户，与客户没有直接关系，而是能够直接影响自然环境，政府有责任和义务关注污水的处理。

第二节　污水治理成本分析

污水治理成本是污水处理价格水平确定的基础。污水治理成本主要包括投资建设成本和运行成本。投资建设成本主要是指污水处理厂建设并形成固定资产和无形资产成本，运行成本主要是指污水处理厂日常运行发生的成本，主要包括动力费、人员工资、药剂费、污泥处置费、维修费、管理费、材料费、化验费、车辆费等，也称污水处理成本。

投资建设成本包括污水处理设备及管道的投资和建设成本，建设成本是固定资产投资项目所耗费的物化劳动和活劳动的货币支出总和，包括建筑安装工程直接费、间接费和独立费，设备、工具、器具购置费用等；投资建设成本指污水处理厂在建设过程中所耗费的物化劳动和活劳动的货币支出总和。

在实际污水处理过程中，污水处理厂的位置、工艺、规模、水质以及是否存在满负荷运行都会对处理成本产生影响，且污水处理规模是与投资建设成本是成正比的，投资建设成本在污水处理成本中通过折旧费体现出来。

污水处理厂运行阶段的费用可以分为四大部分：一是污水处理成本。包括：（1）污水处理环节职工薪酬。污水处理环节的人工费，包括生产工人、管理人员等的工资与福利；（2）直接材料费。在污水处理过程中耗用的各种材料、药品、低值易耗品等；（3）动力费。主要包括燃料费和动力费（主要为电费）；（4）折旧费。即固定资产的折旧额，包括污水处理设备和运输管网的折旧，折旧率按相关财务规定的分类和折旧率计算；（5）修理费。对建筑、设备、管道等日常检查维修发生的费用；（6）检验检测费。对污水污染物的检测相关费用；（7）其他。二是污水污泥收集输送运行成本，包括污水污泥收集输送环节职工薪酬、直接材料费、动力费、折旧费、修理费、检验检测、运费（含外包）、其他。三是期间费用，为了保证污水处理厂的正常运转必须进行科学的管理与组织而发生的成本，具体包括管理费用、销售费用和财务费用。四是需要扣除的非主营业务成本。最后得出污水处理运行总成本，根据污水处理厂污水处理规模，可计算出污水处理单位成本。

一、污水治理成本水平

污水治理成本水平的高低是污水处理收费定价的基础。由于污水处理具有区域自然垄断和公益性等特点，横向对比分析污水处理成本，对制定污水处理行业财务标准，提高内部管理水平都具重要的意义。分析污水治理成本根据《水污染防治法》《城镇排水与污水处理条例》，2015 年中国实施的《污水处理费征收使用办法》规定了城镇污水处理费的征收、使用和管理。中国污水处理费遵循"污染者付费"原则，基于污水处理成本制定，并专项用于城镇污水处理设施建设、运行和污泥处理处置，原则上应当补偿污水处理和污泥处置设施运营成本并合理盈利，但不少学者研究发现，中国城镇污水处理收费价格仍普遍低于实际污水处理成本，污水处理费并不能补偿污水处理成本（周斌，2001；於方等，2011；谭雪等，2005）。谭雪和石磊等（2015）选取全国东、中、西部 227 个污水处理厂为样本，通过与污水处理厂所在地的污水处理费征收标准比较，判断当前中国大部分地区征收的污水处理费只覆盖污水处理厂的运行成本，而非全部运营成本。於方和牛坤玉等（2011）

则认为造成这一现象的原因可能是污水处理分档计费定量依据不足、污水处理运行成本核算存在遗漏项目。

当征收的污水处理费不能保障城镇排水与污水处理设施正常运营的，地方财政会通过政府购买服务方式，向提供城镇排水与污水处理服务的单位支付服务费。同时，《污水处理费征收使用办法》规定服务费应按照合同约定的污水处理量、污泥处理处置量、排水管网维护、再生水量等服务质量和数量予以确定，达到覆盖合理服务成本并使服务单位合理收益的目的。因此，对污水处理厂全成本的分析与确定就至关重要。通常认为，污水处理成本中，运行成本主要由人员费、动力费、维修费、药剂费和其他费用组成，动力费表现为电费，占据了运行费用的大部分（原培胜，2008；於方，2011）。起初，相当一部分学者的研究从污水处理成本角度出发时未将固定资产折旧、摊销、财务融资成本等纳入污水处理全过程。周斌（2001）对华东地区城市污水处理厂运行成本进行分析时就认为，成本测算表按会计报表格式编制将成为趋势，同时，认为污水处理厂"折旧"这一成本核算指标将被纳入。在后期污水处理成本的核算中，"折旧"这一项目越来越受到学者重视，李烨楠（2014）认为折旧费对工业废水总运行成本影响显著。王晓红和林盛（2015）通过对某一污水处理厂成本进行计算分析，得出该厂电费和设备折旧费分别占单位水处理总费用的53.99%和33.67%，进一步确认了电费和折旧是污水处理厂运行费用的主要构成部分。褚俊英等（2004）在对中国污水处理厂资源配置效率的比较中发现，城市污水处理厂产出弹性最大的要素为资本，其次为劳动力和运营电耗，也就是说劳动要素对中国污水处理成本的影响程度较小。於方（2011）认为污水处理成本与地区经济水平、污水处理排放标准有关，例如东部地区的经济发展水平较高，人力成本和生产资料成本也较高，因此污水的运行成本较高。此外，污水处理成本与污染负荷相关，同一地区不同污水排放标准下的运行成本不同，污水污染物负荷越高，污水处理成本就越高。

马乃毅（2010）将污水处理定价方法分为三大类：成本定价法、差别定价法和激励定价法。对于定价方法，成本定价法较为常见和运用最为广泛，包括全成本定价法、平均成本定价法和边际成本定价法。

（一）全成本定价法

全成本定价法，是指将污水处理的固定成本和变动成本包含在内的全部成本，先估算变动成本，然后按照预期产量把固定成本分摊到单位产品上，再在全部成本上加上目标利润率，从而得出价格。目前，一些学者在研究污水处理成本项目时，虽然使用了全成本定价法，但成本覆盖不全面，未将污泥处置成本和管网运输成本纳入其中。

用公式表示为成本 $C = F(X1, X2, \cdots, Xn)$，其中 Xi 代表污水处理过程中发生的各项成本，表示投资建设成本、折旧摊销、电费、药剂费、人工费等。

（二）平均成本定价法

平均成本定价法是公共定价方式的一种，是在保持提供公共物品的企事业单位收支平衡的情况下，尽可能使经济福利最大化的一种方式，通过市场需求曲线与厂商平均成本曲线相交的点来确定公共物品的价格，该方式按照平均成本确定价格，使社会服务处于一个次优状态，是自然垄断条件下对公共物品定价的可行方法之一。

（三）边际成本定价法

从理论上看，边际成本定价实现了边际成本等于边际效益，满足帕累托最优原则，是最理想的定价方法，但从长期来看，会使得企业处于亏损状态，不利于企业为社会持续提供高质高量的公共物品。对于污水处理行业，存在较为明显的规模效益，单位成本呈递减趋势，为了使企业收支平衡，满足长期运行的需要，定价或价格管制一般采取按高于边际成本的平均成本定价。

污水处理费在中国水价体系中占有重要的地位，马中（2014）认为，中国水价体系包括水资源费、供水价格、污水处理费和污水排污费四个收费项目，分别对应排水供水过程的四个环节，即原水取用、净水输配、污水处理收集、工业废水处理，最终形成的水价是四个项目的加总。而污水处理成本是污水处理费确定的基础，目前关于污水处理运行成本衡量的模型主要有以下几种类型：（1）基于 COD 和氨氮总量电耗的模型。林澍等（2002）采用遗传算法，用所收集的若干污水处理厂的设计建设费用进行污水处理厂的费用函数的参数估计；王佳伟等（2009）通过对 12 家污水处理厂的调查，以 COD 和氨氮总量削减所需电耗为基础，建立污水处理厂运行成本的模型。（2）基于处理效率的模型。目前，关于污水处理收费定价，田学跟（2006）应用 DEA 方法评价污水处理厂的相对效率，并将评价结果用于污水处理定价的确定，其认为当时城市污水处理定价普遍采用成本加成定价法，将污水处理总成本归结于主要由折旧费、人员工资、电费、药剂费、设备维修改造费、管理费、其他费用（如污泥处置费）以及税费等费用。作者认为这样的定价方法严重依赖企业成本信息，同时由于信息不对称的存在，加之企业出于自利动机，有可能失去提高效率的利益驱动，最终导致政府对于污水处理价格规制的困难和公共利益的丧失，所以作者运用 DEA 方法和其有效性的原则上在原有的定价模型中加入了相对效率系数，可以促使企业提高效率。模型中相对效率系数与价格之间呈正向关系，与成本呈反向关系，即 θ 值越大，价格就会越高。企业只有不断提高效率，促使企业效率处在行业的最前沿，其污水处理成本才可能得到弥补，企业也才可能获得相应的利润。（3）基于进出水浓度变化的模型。关于以污染物消除为基础建立的成本模型，目前学者普遍认为废水处理水量与 COD 和氨氮削减负荷之间无明显相关性，王佳伟（2009）认为由于不明显的相关性，使得按吨水费用支付运行成本不能激励污水厂削减更多的 COD 和氨氮总量负荷，而以削减单位 COD 和氨氮污染物总量所需的电耗为基础核算运行成本可以有效激励污水处理厂更多地削减污染物总量，李烨楠（2014）与王佳玮看法一致。王晓红等（2015）对山东省某一具有代表性的县级城市污水处理厂进行分析发现，该污水处理厂单位水处理耗电量与单位水处理 COD 削减量呈线性相关，可通过 COD 进出水浓度及耗电量——污染物削减量线性关系式近似估算污水处理的耗电量。

污水治理服务作为一项准公共产品，具有有限的非竞争性或有限的非排他性。我国大部分学者认为，我国目前污水处理收费机制亟待完善，污水处理费征收标准与实际污水处理成本脱节，而且传统污水处理成本的核算主要集中在污水处理厂的运行过程，缺少对管网建设维护、污泥处理处置成本的核算，以致现有的污水处理收费价格不能补偿污水治理全过程所需成本并合理盈利。因此，有必要对目前中国污水处理厂污水处理全成本情况进行探究。

数据来源于住建部计划财务与外事司和中国建筑会计学会对全国部分城市的 448 家污水处理企业（单位）2019 年成本、财务经济状况进行了重点调查。并根据数据完整性以及中国地理特征将其划分为华北地区、东北地区、华东地区、华中地区、华南地区、西南地区、西北地区、港澳台地区。华北地区共有 76 个、东北地区共有 65 个、华东地区共有 192 个、华中地区共有 14 个、华南地区共有 22 个、西南地区总共有 31 个、西北地区有 48 个，具体分布情况如表 4 - 1 所示。

表 4 - 1　　　　　　各省、市、自治区被调查污水处理企业数量　　　　单位：个

省份	企业数量	省份	企业数量	省份	企业数量
北京市	1	浙江省	33	海南省	6
天津市	1	安徽省	28	四川省	15
河北省	8	福建省	17	贵州省	12
山西省	55	江西省	20	重庆市	1
辽宁省	29	山东省	70	云南省	3
吉林省	11	河南省	2	甘肃省	6
黑龙江省	25	湖南省	5	陕西省	7
上海市	7	湖北省	7	青海省	3
江苏省	17	广东省	7	宁夏回族自治区	5
内蒙古自治区	11	广西壮族自治区	9	新疆维吾尔自治区	7

1. 污水处理总成本水平分析。其成本水平如表 4 - 2 所示，可知污水处理总成本 = 污水处理成本 + 污水污泥收集输送运行成本 + 期间费用 - 需扣除的非主营业务成本。2019 年，污水处理总成本较上年增加 341 个企业（单位），占比 76.11%，较上年减少 102 个，2 家总成本保持不变（数据缺失和异常值有 3 个）。污水处理总成本呈上升趋势，污水处理单位成本变化趋势与总成本变化趋势一致，在污水处理总成本中，2019 年，污水处理成本较上年增加 328 个企业（单位），占比 73.21%，较上年减少 115 个，占比 25.67%（数据缺失和异常值 5 个）。

448 个企业（单位）污水处理总成本 356.97 亿元，同比上年增加 15.86%。污水处理单位成本为 1.51 元/立方米，比上年增加 0.09 元/立方米，增长 6.34%。其中，污水处理成本 277.02 亿元，同比上年增加 16.46%，占总成本比 77.6%；主要影响因素是其他费用 48.84 亿元，同比上年增加 36.45%，占总成本比 13.12%，其次是折旧费 86.51 亿元，同比上年增加 15.83%；占成本比 24.23%，固定资产占比大，折旧费用高；材料、职工薪酬分别增长 13.38% 和 10.02%。污泥收集运输运行成本 36.76 亿元，同比上年增长 18.17%，占总成本比 10.3%，主要是因为污水处理量增加，导致污泥量增多，污泥处理的直接材料消耗量增加；其次是因为污泥运输、处理设备使用频率、年份不断增长，其耗用的折旧费、职工薪酬、修理费增长了。期间费用 44.19 亿元，同比上年增加 10.24%，占总成本比 12.37%，主要是财务费用和管理费用增加。

表 4 - 2　　　　　　　　　污水处理企业（单位）成本分析　　　　　　单位：万元

项目	2019 年	增长率（%）	占总成本比（%）
一、污水处理成本	2770193	16.46	(77.6)
（一）污水处理环节职工薪酬	347065	10.02	9.72
（二）直接材料	422012	13.38	11.82
（三）动力费	423341	3.67	11.86
（四）折旧费	865089	15.83	24.23
（五）修理费	223360	23.51	6.26
（六）检验检测	20951	95.33	0.59
（七）其他	468375	36.45	13.12
二、污水污泥收集输送运行成本	367550	18.17	(10.3)
（一）污水污泥收集输送环节职工薪酬	60530	12.04	1.69
（二）直接材料	9723	32.88	0.27
（三）动力费	29133	-1.69	0.82
（四）折旧费	93065	16.4	2.61
（五）修理费	56796	12.48	1.59
（六）检验检测	5185	82.14	0.15
（七）运费（含外包）	58807	39.76	1.65
（八）其他	54311	21.48	1.52
三、期间费用	441873	10.23	(12.37)
（一）管理费用	227181	9.45	6.36
（二）销售费用	3710	7.47	0.1
（三）财务费用	210982	11.12	5.91
四、需扣除的非主营业务成本	9877	18.91	0.27
五、污水总成本	3569739	15.86	100
六、污水处理单位成本	1.51	6.34	—

污水处理企业对于工艺不同、是否满负荷运行的不同情况，每立方米处理成本差别比较大，污水处理厂一旦建成，提取的折旧是固定的，运行费用是变化的，直接材料、职工薪酬、动力费和维修费则是运行成本的主要组成部分。污水企业应围绕降低动力费和维修费这两个因素来降低处理成本。降低运行成本的主要措施包括定期保养设备、减少维修费用、改进运行方式、降耗节能等。

2. 负荷率与单位成本关系分析。2019 年，448 家污水处理企业（单位）

污水处理单位成本的平均值为 1.5977 元/立方米，污水处理负荷率小于等于 100% 的企业（单位）有 352 家，占比 78.57%，平均污水处理单位成本为 1.7018 元/立方米，高于总的平均污水处理单位成本；污水处理单位成本大于 100% 的有 67 家，超负荷运转比例为 17.41%，单位成本为 1.0613 元/立方米，低于总的平均处理成本，且 67 家企业中单位成本小于平均单位成本的有 61 家，占比 91.04%（其中 29 个数据缺失或异常）。2018 年，平均污水处理单位成本为 1.4344 元/立方米，污水处理负荷率小于等于 100% 的企业（单位）有 320 家，占比 71.43%，平均污水处理单位成本为 1.6610 元/立方米，高于总的平均污水处理单位成本；负荷率大于 100% 的有 68 家，超负荷运转比例为 17.63%，单位成本为 1.0169 元/立方米，其中共有 55 家单位成本小于平均处理成本，占比 80.88%（其中 60 个数据缺失或异常）。

相比 2018 年同期，2019 年负荷率增加的企业（单位）有 225 个，负荷率减少的企业（单位）有 175 个（排除异常值 48 个）。综合 2018 年、2019 年数据可知，实际污水处理量大于设计处理规模的污水处理企业（单位）的单位污水处理成本普遍低于平均值，表明污水处理单位成本与负荷率之间呈现较大相关性，在一定条件下，污水处理单位成本随着负荷率的增加而降低（见表 4－3）。

表 4－3　　　　　　　　　　　负荷率与单位成本关系表

负荷率	小于等于 100%		大于 100%	
	个数	单位成本	个数	单位成本
2019 年	352	1.7018	67	1.06318
2018 年	320	1.66108	68	1.01698

3. 人工成本水平分析。2019 年污水处理企业员工年收入在 10 万以上的有 102 家，占比 23%，年收入最高 22 万元的有 1 家，年收入 20 万元的有 2 家，人均年工资 12.47 万元；工资 8 万—10 万，占比 15%，工资 6 万—8 万元，占比 23%，工资 4 万—6 万元，占比 24%，工资 4 万以下，占比 15%，年收入 3 万元以下的企业 29 家。同行业不同城市不同企业间人员收入差距进一步扩大。

2019 年污水处理企业的全员劳动生产率同比增长 11.27%，表明污水企业整体生产技术水平、经营管理水平、职工技术熟练程度都有相对提高。工资总额同比增长 11.52%，万元工资产值率同比下降 2.76%，企业平均职工人数 107 人，同比增长 0.31%。工人工资随着社会的发展也在增长，工人工资增速快于业务收入增速，造成增长速度不匹配的主要原因是年平均员工人数同比增长 0.31%，表明员工队伍基本稳定。

4. 各地区处理成本水平比较。污水处理成本由职工薪酬、直接材料费、动力费、折旧费、修理费、检查检验费以及其他费用所构成。污水处理企业年度污水处理成本水平结构分析如表 4 - 4 所示。对于污水处理成本，华北地区以及西南地区均高于全国平均水平，东北地区、华南地区、华中地区、华东地区以及西北地区低于全国平均水平；东北地区的污水处理成本最低，华中地区的处理成本最高，高于全国平均水平的比例为 85%。对于污水处理成本的构成部分，职工薪酬占污水处理成本的比例为 12.53%；直接材料占污水处理成本的比例为 15.23%；动力费所占的比例为 15.28%；折旧费所占比例为 31.22%；修理费所占比例为 8.05%；检查检验费用所占比例为 0.77%；其他费用所占比例为 16.9%。由此可知，资产的折旧费占污水处理成本的比例最高，其次到职工薪酬与直接材料的成本。

表 4 - 4　　　　　　　　各地区污水处理成本结构水平分析　　　　　　单位：万元

地区	污水处理成本	职工薪酬	直接材料费	动力费	折旧费	修理费	检查检验费	其他费用
全国	6225.78	779.92	948.34	951.32	1944.02	501.93	47.72	1052.53
东北	2515.58	308.98	211.45	582.98	829.85	242.94	21.22	318.15
华北	11519.09	1464.76	1773.57	1484.83	4826.4	1002.52	43.76	923.24
华东	6136.88	669.75	1059.64	944.32	1407.66	482.86	34.87	1539.31
华南	3773.32	715.36	229.73	776.09	1401.91	158.5	22.95	468.68
华中	2748.14	443.5	331.07	629.43	831.36	246.07	21.57	245.07
西北	3475.91	432.51	548.47	556.98	1164.74	162.96	122.44	490.02
西南	9214.06	1513.7	1206.22	1343.61	2680.09	824.58	108.19	1537.74

污水处理企业年度单位污水处理成本结构分析如图 4 - 4 所示，全国单位污水处理成本为 1.25 元/立方米，最高为华北地区为 1.77 元/立方米，其次到西北地区 1.46 元/立方米，最低华中地区 0.73 元/立方米；对于各省份的单位污水处理成本与全国平均水平比较如图 4 - 2 所示，全国有 15 个省市的单位污水处理成本高于全国水平，15 个省市低于全国平均水平（见表 4 - 5）。

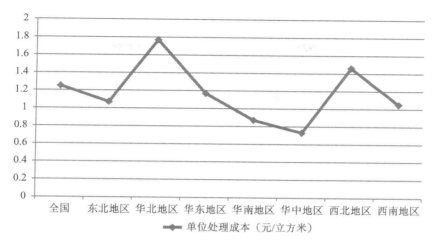

图4-2 地区单位污水处理成本水平分析

表4-5 各省、市、自治区单位污水处理成本分布情况 单位：元/立方米

省份	单位处理成本	省份	单位处理成本	省份	单位处理成本
北京市	3.68	浙江省	1.74	海南省	1.78
天津市	1.25	安徽省	0.86	四川省	1.94
河北省	1.64	福建省	1.34	贵州省	0.94
山西省	2.14	江西省	0.83	重庆市	1.79
辽宁省	1.12	山东省	1.94	云南省	0.92
吉林省	1.18	河南省	1.41	甘肃省	1.88
黑龙江省	1.68	湖南省	0.67	陕西省	1.83
上海市	2.52	湖北省	1.09	青海省	2.12
江苏省	1.56	广东省	0.8	宁夏回族自治区	1.64
内蒙古自治区	2.06	广西壮族自治区	1.14	新疆维吾尔自治区	1.41
浙江省	1.74				

5. 各地区期间费用水平分析。污水处理企业年度期间费用水平分析如表4-4所示。对于期间费用，华北地区、西南地区、华东地区以及华南地区高于全国平均水平，东北地区、华中地区以及西北地区低于全国平均水平；东北地区的平均期间费用最低，华中地区的平均期间费用最高，高于全国平均水平的比例为79.92%。对于期间费用的构成部分，管理费用占期间费用的比例为51.41%；小时费用占期间费用的比例为0.83%；财务费用所占的比例为47.75%。由此可知，管理费用以及财务费用占期间费用的比例最高。

单位期间费用结构分析如表 4 - 6、表 4 - 7 和图 4 - 3 所示,全国单位污水处理的期间费用为 0.25 元/立方米,最高为华北地区为 0.28 元/立方米,其次到华东地区 0.26 元/立方米,最低华中地区 0.2 元/立方米;对于各省份的单位污水处理期间费用与全国平均水平比较如图 4 - 5 所示,全国有 16 个省市的单位污水处理期间费用高于全国水平,14 个省市低于全国平均水平。

表 4 - 6　　　　　　　　　　期间费用结构分析　　　　　　　　单位:万元

全国及地区	期间费用	管理费用	销售费用	财务费用
全国	993.01	510.54	8.33	474.14
东北地区	590.78	240.23	12.07	338.48
华北地区	1060.08	535.31	13.92	510.97
华东地区	1037.05	505.81	3.82	527.39
华南地区	1039.82	539.82	4.27	495.86
华中地区	627.14	300.93	41.21	284.93
西北地区	826.91	418.45	7.79	400.7
西南地区	1786.61	1260.1	3.64	522.84

表 4 - 7　　　　　　各省、市、自治区单位期间费用分布情况　　　　单位:元/立方米

省份	单位处期间费	省份	单位处期间费	省份	单位处期间费
北京市	0.003	浙江省	0.274	海南省	0.23
天津市	0.24	安徽省	0.18	四川省	0.308
河北省	0.155	福建省	0.3	贵州省	0.128
山西省	0.321	江西省	0.15	重庆市	0.245
辽宁省	0.178	山东省	0.29	云南省	0.176
吉林省	0.18	河南省	0.057	甘肃省	0.156
黑龙江省	0.342	湖南省	0.15	陕西省	0.255
上海市	0.274	湖北省	0.3	青海省	0.23
江苏省	0.27	广东省	0.154	宁夏省回族自治区	0.67
内蒙古自治区	0.183	广西壮族自治区	0.264	新疆维吾尔自治区	0.264

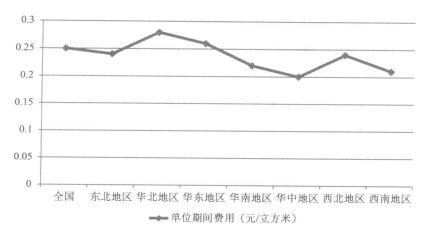

图 4 - 3 地区单位期间费用分析

6. 各地区投资成本水平分析。污水处理企业的初始投资成本难以计量，以企业固定资产与折旧费之和作为企业的投资成本。污水处理企业的投资成本分析如图 4 - 4 所示。全国污水处理企业的投资成本平均水平为 4.15 亿元，华北地区与西南地区高于全国平均水平，东北地区、华东地区、华南地区、华中地区以及西北地区低于全国平均水平；西北地区的污水处理企业的投资成本最低，为 1.44 亿元；华北地区的污水处理企业投资成本最高，为 8.4 亿元，高于全国平均水平的比例为 102%。

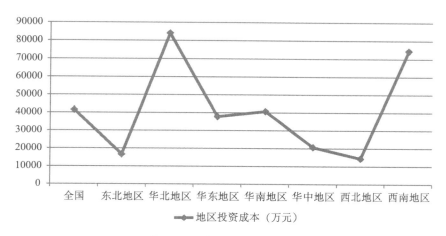

图 4 - 4 地区投资成本分析

7. 各地区的污泥处置成本水平分析。污水污泥处置成本，即污水污泥收集输送运行成本。全国平均每家的污水污泥处置成本为 825.8 万元，华东地区、华南地区以及西南地区均高于全国平均水平，东北地区、华北地区、华中地区以及西北地区低于全国平均水平；东北地区的处置成本最低，华南地区的处置成本最高，高于全国平均水平的比例为 170% 。

单位污水污泥处置成本分析如图 4 – 5 所示。全国单位污水污泥处置成本为 0.086 元/立方米，全国有 17 个省市的单位污水处理成本高于全国水平，13 个省市低于全国平均水平。

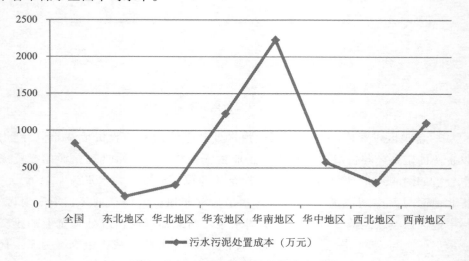

图 4 – 5   各地区污水污泥处置成本分析

二、污水治理成本结构分析

污水治理成本，是指污水收集到污水处理厂生成符合标准的水资源整个过程所包含的成本，主要由两部分构成：一部分是固定成本，包括污水处理设备及管道的投资成本和建设成本，其中投资成本是固定资产投资项目所耗费的物化劳动和活劳动的货币支出总和，包括建筑安装工程直接费、间接费和独立费，设备、工具、器具购置费用等；建设成本指污水处理厂在建设过程中所耗费的物化劳动和活劳动的货币支出总和。另一部分为运行成本指扣除折旧费和财务费用的其他所有成本，包括人员费、动力费、药剂费、维修费、污泥处置费及其他费用，其中人员费包括人员工资及附加、管理费等；动力费包括电费、运输费；药剂费包括各种化学试剂、絮凝剂和消毒费；维修费包括机器设备的日常维修保养、仪表校验和管道维护等费用；污泥处置费即对污泥的后期处置所产生的费用。

（一）各环节成本结构分析

2019 年污水处理成本、污水污泥收集输送运行成本以及期间费用三个环节的成本分别为 2770193 万元、367550 万元和 441873 万元；2018 年的各项成本费用分别为 2378665 万元、311035 万元和 400865 万元。2019 年各项成本费用占比相对稳定，支出均有所增加（见图 4-6）。

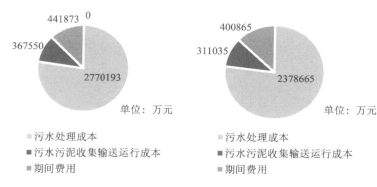

图 4-6 2018 年（右）与 2019 年（左）污水处理成本结构对比

在污水处理环节，污水处理成本 277.02 亿元，同比上年增加 16.46%，占总成本比 77.6%；主要影响因素其他费用 48.84 亿，同比上年增加 36.45%，占总成本比 13.12%，其次是折旧费 86.51 亿元，同比上年增加 15.83%，占成本比 24.23%，固定资产占比大，折旧费高；材料、职工薪酬分别增长了 13.38% 和 10.02%（见图 4-7）。

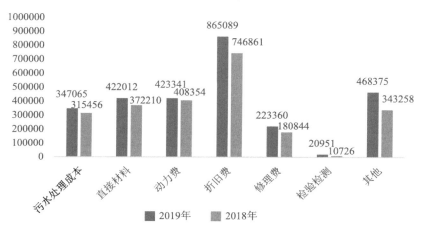

图 4-7 污水处理环节成本结构柱状图

污水污泥收集输送运行成本 36.76 亿元，同比上年增加 18.17%，占总成本比 10.3%；主要影响因素是污水处理量增加导致污泥量增多，污泥处理的直接材料消耗量增加；随着污泥运输、处理设备使用频率、年份的不断增长，其耗用的折旧费、职工薪酬、修理费，分别增长 16.4%、12.04% 和 12.48%（见图 4 - 8）。

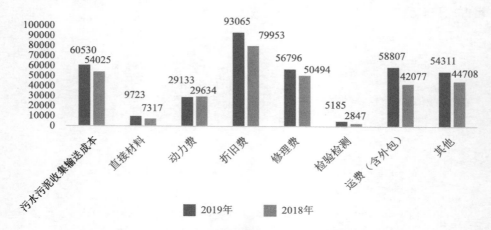

图 4 - 8 污水污泥收集输送运行成本结构柱状图

期间费用 44.19 亿元，同比上年增加 10.24%，占总成本比 12.37%；主要影响因素是财务费用、管理费用，在期间费用中占据较大份额，分别增长了 11.12% 和 9.45%（见图 4 - 9）。

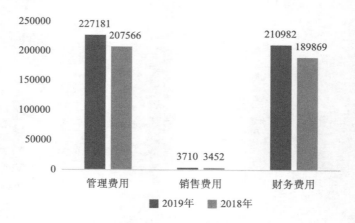

图 4 - 9 期间费用柱状图

（二）不同规模成本结构分析

按照研究样本污水处理量分布情况，将污水处理年处理量划分为1500万立方米以下（含1500）、1500—5000万立方米（含5000）、5000—15000万立方米（含15000）和15000万立方米以上四个区间。2019年，年污水处理量在对应区间的污水处理企业（单位）分别有201、149、74、24座。污水处理厂年污水处理量在5000万立方米以下的共有350座，占比78.125%。

年污水处理量在1500万立方米以下的，污水处理单位成本为1.96元/立方米，年污水处理量在1500—5000万立方米，污水处理单位成本为1.25元/立方米，年污水处理量5000—15000万立方米，污水处理单位成本为1.30元/立方米，年污水处理量15000万立方米以上的，污水处理单位成本为1.67元/立方米，污水处理单位成本随着污水处理量的增加而下降后上升。当年污水处理量达到规模报酬递减阶段，单位污水处理成本并不会继续下降，反而上升，可能原因在于设计规模较大的污水处理厂前期投资建设资金大，固定资产的折旧费用高，从表4-8中可以看出，4个规模的污水处理厂在污水处理环节的平均折旧费分别为249.02万元、818.77万元、2323.41万元、21712.88万元，在污水污泥收集输送运行环节的平均折旧费用分别为6.67万元、9.74万元、229.49万元、3053.88万元。年处理量在15000万立方米以上的污水处理企业（单位）在污水处理环节的折旧费是处理量在5000万立方米以下的污水企业（单位）的87.19倍，在污泥污水运输环节是457.85倍。

表4-8　　　不同规模污水处理企业（单位）成本结构表（平均值）　　　单位：%

年处理规模（万立方米）	1500	1500—5000	5000—15000	15000
一、污水处理成本	900.87	2780.52	7799.64	66563.96
（一）污水处理环节职工薪酬	154.26	352.64	961.35	8015.58
（二）直接材料	173.15	509.54	1364.53	8763.04
（三）动力费	146.97	491.42	1475.38	8808.29
（四）折旧费	249.02	818.77	2323.41	21712.88
（五）修理费	48.43	176.85	582.76	6006.21
（六）检验检测	36.52	22.83	59.65	253.29
（七）其他	93.09	408.51	1036.27	13004.67
二、污水污泥收集输送运行成本	53.10	181.92	1177.38	10110.75
（一）污水污泥收集输送环节职工薪酬	4.45	14.34	182.86	1832.04

续表

年处理规模（万立方米）	1500	1500—5000	5000—15000	15000
（二）直接材料	7.71	16.19	38.84	120.75
（三）动力费	3.84	9.89	63.36	927.79
（四）折旧费	6.67	9.74	229.49	3053.88
（五）修理费	1.28	7.17	97.51	2024.04
（六）检验检测	0.61	0.71	4.58	192.33
（七）运费（含外包）	18.84	94.84	228.05	999.38
（八）其他	9.76	28.81	337.95	960.50
三、期间费用	188.95	549.61	1789.76	7899.04
（一）管理费用	108.23	303.13	837.54	4095.58
（二）销售费用	0.23	16.82	6.28	28.83
（三）财务费用	80.53	229.65	945.97	3774.50
四、需扣除的非主营业务成本	1.07	39.17	8.55	133.08
五、污水总成本	1138.00	3472.87	10854.79	84440.50
六、污水处理单位成本	1.96	1.25	1.30	1.67

从表4-9可知，各区间污水处理成本均呈上涨趋势，不同规模污水处理企业（单位）成本年增长幅度不同。污水总成本相比上年同期均有所上涨，上涨幅度分别为31.07%、15.34%、23.89%、12.76%；污水处理单位成本分别上涨15.93%、4.13%、11.50%、3.84%。规模较小的污水处理厂各项成本涨幅最大，规模最大的污水处理厂成本上涨最小，可能由于规模大的市场议价能力强，能够更加有效地抵抗市场原材料价格波动（见表4-10）。

表4-9　　　不同规模污水处理企业（单位）成本增长率（涨幅）　　　单位:%

年处理规模（万立方米）	1500	1500—5000	5000—15000	15000
一、污水处理成本	32.93	16.03	21.42	14.39
（一）污水处理环节职工薪酬	14.08	8.77	11.25	9.32
（二）直接材料	14.13	32.83	19.67	5.10
（三）动力费	11.91	0.34	11.20	-2.69
（四）折旧费	24.76	21.67	20.06	12.49
（五）修理费	21.16	20.44	35.48	20.81
（六）检验检测	288.98	31.61	67.01	68.58
（七）其他	28.54	11.92	49.92	39.86

续表

年处理规模（万立方米）	1500	1500—5000	5000—15000	15000
二、污水污泥收集输送运行成本	47.99	30.54	37.67	10.42
（一）污水污泥收集输送环节职工薪酬	9.82	27.29	60.01	2.12
（二）直接材料	79.36	67.62	46.56	-4.73
（三）动力费	2.39	9.19	6.92	-3.83
（四）折旧费	19.41	43.20	49.42	10.34
（五）修理费	42.78	9.53	60.57	8.25
（六）检验检测	73.24	523.53	2.42	87.87
（七）运费（含外包）	87.89	36.11	24.47	48.81
（八）其他	40.75	8.84	33.50	11.63
三、期间费用	19.11	9.39	20.89	2.74
（一）管理费用	7.08	7.17	15.87	7.32
（二）销售费用	-28.48	13.65	-19.55	14.76
（三）财务费用	40.68	12.13	26.16	-1.88
四、需扣除的非主营业务成本	-73.03	43.36	-402.87	-12.35
五、污水总成本	31.07	15.34	23.89	12.76
六、污水处理单位成本	15.93	4.13	11.50	3.84

表 4 - 10　　　　　各省市单位污水污泥处置成本分布情况　　　单位：元/立方米

省份	单位处置成本	省份	单位处置成本	省份	单位处置成本
北京市	4	浙江省	1.31	海南省	1.45
天津市	1	安徽省	0.65	四川省	1.48
河北省	1.29	福建省	0.98	贵州省	0.77
山西省	1.79	江西省	0.67	重庆市	1.27
辽宁省	0.94	山东省	1.45	云南省	0.72
吉林省	0.96	河南省	1.34	甘肃省	1.56
黑龙江省	1.28	湖南省	0.48	陕西省	1.45
上海市	1.66	湖北省	0.73	青海省	1.86
江苏省	1.09	广东省	0.64	宁夏省回族自治区	0.96
内蒙古自治区	1.77	广西壮族自治区	0.68	新疆维吾尔自治区	1.1

　　在污水处理环节，年污水处理量在 1500 万立方米以下的企业（单位）污水处理成本涨幅最大，为 32.93%，且检验检测费涨幅最大，超过 100%，达

到 288.98%，年处理量在 15000 万立方米以上的企业，污水处理成本涨幅最小，为 14.39%，但动力费涨幅呈现负值。

污水污泥收集输送运行成本的涨幅分别为 47.99%、30.54%、37.67%、10.42%；规模在 1500—5000 万立方米之间的企业（单位），检验检测费涨幅达 523.53%，规模大于 15000 万立方米的直接材料费和动力费下降，下降比例分别为 -4.73%、-3.83%。

在期间费用上，涨幅分别为 19.11%、9.39%、20.89%、2.74%；规模在 5000—15000 万立方米的企业（单位）管理费用涨幅最高，为 15.87%。规模在 1500 万立方米以下和 5000—15000 万立方米的企业（单位）销售费用均下降，其他区间上升。规模在 5000 万立方米以下的企业（单位）财务费用涨幅最大，为 40.68%，规模在 15000 万立方米以上区间的财务费用与上年同期相比下降，下降幅度为 -1.88%。

三、治理成本与价格分析

污水处理成本是污水处理收费标准价格的基础，污水处理收费价格的高低直接影响着污水处理企业的收入。在调查中发现，2019 年居民污水处理收费每立方米单价大多都在 0.95 元以上，占比为 80.68%，增长了 4.41%。高于 3 元的城市有：山东烟台市（中联环水务有限公司 3.73 元、新水源水处理有限公司 3.55 元、新城污水处理有限公司 3.39 元）；云南曲靖市（云南云投中裕能源有限公司）3.03 元。低于 0.6 元的城市有：浙江杭州市杭州临安排水有限公司 0.6 元；杭州青山湖科技城排水有限公司 0.6 元；内蒙古包头市排水产业有限责任公司 0.6 元；河北武安市水处理有限公司 0.4 元；四川乐山市金口河区生活污水处理厂 0.4 元、乐山市沙湾区中阳水务有限公司污水处理分公司 0.33 元。

非居民污水处理收费每立方米单价在 1.40 元以上，占比为 76.32%，增长了 3.45%。高于 2.5 元的城市有：内蒙古大同市御东污水处理有限责任公司 5.65 元；浙江宁波北仑岩东水务有限公司春晓污水厂 4.32 元、宁波北仑岩东水务有限公司岩东污水厂 4.32 元、杭州市水务集团有限公司 2.65 元；云南曲靖市云投中裕能源有限公司 2.58 元。低于 1 元的城市有：江苏启东市城市水处理有限公司 0.95 元；河南林州市污水处理有限公司 0.8 元；四川乐山市金口河区生活污水处理厂 0.7 元、乐山市沙湾区中阳水务有限公司污水处理分公司 0.45 元。

　　特种行业污水处理收费每立方米单价在 1.40 元以上，占比为 83.33%，增长了 5.26%。高于 3 元的城市有：新疆昌吉排水有限责任公司 5 元；云南瑞丽市供排水有限公司 4.5 元；浙江杭州市水务集团有限公司 3.6 元；江西宜春市方科污水处理有限公司 3 元。低于 1.1 元的城市有：山东潍坊上实环境污水处理有限公司 1.1 元；陕西西安市污水处理有限责任公司 L1 元；黑龙江牡丹江龙江环保水务有限公司 1.07 元；河南林州市污水处理有限公司 1元；四川乐山市沙湾区中阳水务有限公司污水处理分公司 0.55 元。

　　政府购买服务污水处理收费每立方米单价在 1.40 元以下，占比为 63.71%，增长了 1.94%。2019 年污水行业继续引入政府购买服务的形式，支持、引导社会组织参与民生服务，污水处理行业购买量较 2018 年增长 9.73%。高于 3 元的城市有：山东济南仲君污水处理有限公司 3.99 元；上海青浦污水 3.86 元；新疆昆仑环保集团有限公司 3.41 元；山东青岛海林水务集团有限公司 3.29 元；陕西遵义征程水务环境产业有限公司 3—27 元；浙江杭州临安排水有限公司 3.13 元。低于 0.5 元的城市有：安徽西部组团污水处理厂 0.4 元；安徽芜湖市滨江污水处理厂 0.4 元；湖北临江溪污水处理厂 0.37 元；辽宁彤阳创业（大连）水务有限公司 0.3 元；安徽芜湖市城南污水处理厂 0.24 元；安徽芜湖市朱家桥污水处理厂 0.21 元。

第三节　影响污水治理成本因素分析

一、生产资料的价格水平

　　生产资料，是指在生产过程中所使用的劳动资料和劳动对象的总称，是企业进行生产和扩大再生产的物质要素。污水处理成本主要包括固定成本和运行成本两部分，其中生产资料的价格水平直接影响污水处理的成本高低。根据报告显示，2000 年以来，中国劳动力成本快速增长，技术性人才工资上涨 50% 左右，用工成本占企业总成本比重不断增加；污水处理技术更新换代，对新型材料的需求增加。近年来，美国、法国、英国、日本等许多国家都相继采用膜工艺取代传统的水处理工艺，设立了微滤、超滤和纳滤处理的水厂，随着膜处理工艺的日趋成熟和投资成本的逐年下降，有利于达到日益严格的水质标准的要求并节约水厂建设用地。

二、污水处理工艺

根据《中华人民共和国 2019 年国民经济和社会发展统计公报》显示，全年水资源总量 28670 亿立方米，全年总用水量 5991 亿立方米，比上年下降 0.4%。根据《城乡建设统计年鉴》，城市污水处理率从 2004—2019 年均在 90% 以上，2019 年达到 96.81%，污水处理率逐年上涨。污水处理厂前期投资建设成本较大，当污水处理量越大时，在一定污水处理规模内，分摊固定成本的单位污水量越多，污水处理单位成本越小。

工艺。污水处理工艺的选择直接影响出水水质指标能否达到要求、运行管理是否方便、运行费用和建设费用是否节省，以及相关占地和能耗指标是否优化。常见污水处理方法有四大类：物理法、化学法、物理化学法、生物法。其中，生物法包括活性污泥法和生物膜法两大类。活性污泥法有很多种形式，使用最广泛的主要有：传统活性污泥法、改进型活性污泥法，如 A/O、A2/O 工艺、氧化沟工艺、SBR 工艺、AB 工艺等。传统活性污泥法是应用最早的污水处理工艺，其去除有机物的效率比化学法高，且能耗和运行费用较低，因而在早期污水处理厂建设中得到广泛应用。不同处理工艺所需要的基础设施、化学材料等不同，由此所需要的成本也各不相同，随着投入要素组合不同而变化。常见的污水处理工艺如下：

活性污泥法在人工充氧条件下，对污水和微生物群混合培养形成活性污泥，利用活性污泥的生物吸附作用分解去除污染杂质，有处理能力高、出水水质好的特点，是目前采用最为广泛的污水处理方法。

氧化沟工艺。氧化沟污水处理工艺实际上是连环循环曝气池，氧化沟法是活性污泥法的一种变形，属于低负荷、延时曝气活性污泥法，它不设初沉池和污泥消化池，处理设施大大简化。同时，氧化沟具有传统活性污泥法的优点，去除有机物的效率很高，也具有脱氮的功能。这种氧化沟工艺具有高效、简单的特点，使它在中小型城市污水处理厂中得到广泛应用，其缺点主要体现在管理相对复杂，污水停留时间长、泥龄长、电耗相对较高等方面。

SBR 工艺。间歇式活性污泥法又叫序列间歇式反应器法（Sequencing Batch Reactor）或序列间歇式（序批式）活性污泥法，简称 SBR 法。其基本特征是在一个反应池中完成污水的生化反应、沉淀、排水、排泥，不仅省去了初沉池和污泥消化池，还省去了二沉池和回流污泥泵房，处理设施比氧化沟更简单，处理效果更好，部分 SBR 工艺还具有很强的脱氮除磷功能，但 SBR 工艺对自控要求高，随着计算机和自控技术的发展，SBR 工艺得到了很大的提高，形成了许多新的改良型工艺，如 CAST 工艺、ICEAS 工艺、NU-ITANK 工艺等。

AB 工艺。AB 工艺由德国 B. Bohnke 教授首先提出，即吸附生物降解工艺，属高负荷活性污泥法。该工艺不设初沉池，由污泥负荷较高的 A 段和污泥负荷较低的 B 段串联组成，并分别有独立的污泥回流系统。该方法存在污泥量大、构筑物及设备较多、建设投资和处理成本高、运行管理复杂的缺点，适合于污水浓度高，具有污泥消化等后续处理设施的大中规模的城市污水处理厂，而对有脱氮要求的城市污水处理厂则不宜采用地。

生物膜法。将生物附着在作为介质的滤料表面，而后滤料表面形成一层由微生物构成的膜，使污水与膜接触，其中的溶解性污染物被生物膜吸附，进而污染物被微生物分解。根据生物膜反应器附着生长载体的状态，生物膜法可以划分为固定床和流动床两大类。固定床的代表形式是生物滤池，而流动床的代表形式是生物转盘。生物滤池类型较多，最经典的形式是曝气生物滤池（BAF），它实质上就是常说的生物接触氧化池，相当于在曝气池中添加供微生物栖附的填料，在填料下鼓气。生物转盘又称浸没式滤池，它由许多平行排列浸没在氧化槽中的塑料盘片组成，此工艺具有一定的脱氮功能，优点是设备简单，维护方便，人工消耗低，缺点是对进水负荷较敏感，对冲击负荷适应力差，转盘价格昂贵，一次性投资较高，主要适用于中小规模污水处理系统。

三、污水处理经营模式

污水处理服务作为一项重要的公共服务，对于如何实现有效供给，国内外一直处于探索试验和调整阶段。2002 年，污水处理市场化改革开始至今，市场上有超过 50% 的污水处理设施采取 BOT、TOT 等市场化模式运作，在提高污水处理设施水平和处理率方面取得了一定的成效。

中国政府的政策指引也令污水治理行业产生了以 BOT（建设—运营—移交）、TOT（转让—运营—移交）、BOO（建设—拥有—运营）等特许经营方式为主体的多样化运营模式。2014 年后，PPP 模式（包含 BOT、TOT 模式等）的污水处理模式受到市场认可，政府和企业共同推动污水处理行业迅速发展。目前，较为主流的经营模式如下：

BOT 模式：（Build – Operate – Transfer，BOT），即地方就某个基础设施项目与非地方部门的项目公司签订特许权协议，授予签约方的项目公司来承担该项目的投资、融资、建设、经营和维护，在协议规定的特许期限内，这个项目公司向设施使用者收取适当的费用，由此来回收项目融资、建造和维护成本，并获取合理回报。特约期满后，签约方的项目公司将该设施无偿移交给地方部门。

BOT 模式能够有效筹集国内外资金，解决地方资金不足问题，有利于污水处理行业的市场化改革，将污水处理设施的建设、经营和管理民营化，从而更加充分发挥市场机制的作用，提高项目建设和运营效率。同时，有助于地方政府职能的转变，使地方从建设经营者的任务中解脱出来，将主要的精力用在宏观监管上，更好地进行城市宏观管理、规划、市场监管等方面的工作。

PPP 模式：（Public – Private – Partnership，PPP），即公共部门部分与民营企业合作模式，是在公共基础建设中发展起来的一种优化的项目融资与实施模式，以各参与方的"双赢"或"多赢"为合作理念。典型结构是地方部门或地方通过采购形式与中标单位组成特殊目的的公司签订合同，由特殊目的的公司负责筹资、建设和经营。

PPP 模式是以私人合作者运营和维护公共设施，能有效地提高服务质量和效率；将地方从公共服务的供应者变成一个监管者的角色转换，在财政预算方面可减轻地方政府压力。同时，由于地方的有效介入与担保，减少了私营企业的投资风险，大大减少项目的集资时间，但是这种模式组织形式较为复杂，增加了管理和协调的难度，对参与方的管理水平要求较高。

TOT 模式：（Transfer – Operate – Transfer，TOT），即将建好的公共工程项目，移交给外商企业或私营企业进行一定期限的运营管理，该企业组织利用获取的经营权，在一定期限内获得收入，合约期满后，再交回给所建部门或单位的一种融资方式。在移交给外商或私营企业中，地方或其所设经济实体将取得一定的资金以再建设其他项目。

TOT 模式不涉及项目的建设过程，避开了 BOT 模式在建设过程中面临的各种风险和矛盾，双方更容易达成合作；同时也可减少地方财政压力：一是通过资产转让，地方可以得到一部分资金；二是城市污水处理厂转让后，地方每年可以减少大量财政补贴；三是引进的先进的管理经验，提高现有污水处理厂运营管理效率，从而改变国有污水处理厂管理落后、运营成本高等问题。

托管运营：托管运营模式是由地方投资建设城市污水处理厂，建成后委托给专业化的运营公司运营，实行社会化的有偿服务。对地方来说，虽不能通过这种方式收回投资，但能引入竞争机制，有效降低运营成本；对运营公司来说，前期投入非常小，并且不涉及国有资产的产权转移，取得运营权手续简便，与地方签订协议取得污水处理费，收入稳定，风险较小。

四、执行处理标准

污水处理简单来说就是对生活污水和工业废水进行净化的过程，净化的程度也就是污水处理的程度。净化的程度越高，出水水质越好，当然需要的技术和成本就越高。《污水处理厂污染物排放标准》规定了基本控制项目排放标准（见表4-11）、部分一类污染物的排放浓度和选择控制项目的最高排放浓度。

表4-11　　　　　基本控制项目最高允许排放浓度（日均值）　　　单位：mg/L

序号	基本控制项目	一级标准		二级标准	三级标准
		A 标准	B 标准		
1	化学需氧量（COD）	50	60	100	120①
2	生化需氧量（BOD_5）	10	20	30	60①
3	悬浮物（SS）	10	20	30	50
4	动植物油	1	3	5	20
5	石油类	1	3	5	15
6	阴离子表面活性剂	0.5	1	2	5
7	总氮（以 N 计）	15	20	—	—
8	氨氮（以 N 计）②	5（8）	8（15）	25（30）	—
9	总磷以 P 计 2005 年 12 月 31 日前建设的	1	1.5	3	5
10	总磷以 P 计 2006 年 1 月 1 日起建设的	0.5	1	3	5
11	色度（稀释倍数）	30	30	40	50
12	pH	6—9	6—9	6—9	6—9

续表

序号	基本控制项目	一级标准		二级标准	三级标准
		A 标准	B 标准		
13	粪大肠菌群数（个/L）	1000	10000	10000	—

注：①下列情况按去除率指标执行：当进水 COD 大于 350mg/L 时，去除率应大于 60%；BOD 大于 160mg/L 时，去除率应大于 50%。②括号外数值为水温＞120℃时的控制指标，括号内数值为水温≤120℃时的控制指标。

资料来源：《城镇污水处理厂污染物排放标准》（GB18918 - 2002）。

随着污水处理行业不断发展，中国污水处理技术及能力不断提升，对污水处理的程度也由低到高。根据排入地表水域环境功能和保护目标，以及污水处理厂的处理工艺，将基本控制项目的常规污染物标准值分为一级标准、二级标准、三级标准，不同执行标准的运营成本随着标准的趋严呈现上升趋势。

一级处理也指预处理，通常使用过滤、沉淀等物理方法去除污水中的悬浮状态物质，分为 A 标准和 B 标准。一级标准的 A 标准是城镇污水处理厂出水作为回用水的基本要求。当污水处理厂出水引入稀释能力较小的河湖作为城镇景观用水和一般回用水等用途时，执行一级标准的 A 标准。城镇污水处理厂出水排入 GB3838 地表水 II 类功能水域（划定的饮用水水源保护区和游泳区除外）、GB3097 海水二类功能水域和湖、库等封闭或半封闭水域时，执行一级标准的 B 标准。

二级处理是指去除污水中呈溶解状态和胶体状态的有机物，通常使用生物法，处理后的水质可达到排放标准。二级强化处理的主要目的是除磷脱氮，同时也进一步去除有机污染物和悬浮物。氮磷被认为是引起水体富营养化的重要元素，因此当污水排入封闭或半封闭水域时，应控制氮磷的排放。一般认为，水体中的氮超过 0.2mg/L，磷超过 0.01mg/L 即可发生富营养化。在造成水体富营养化的诸多元素中，氮、碳和微量元素很多是来自自然界的生物化学过程，而且可以通过自然过程得以调节，而磷主要来自人类活动，普遍认为磷是大多数淡水水体富营养化的长期作用的关键限制因素。水体中的氮由于受自然过程的影响不易受到控制，而磷却可以通过控制人类的生产和生活活动减少其排放量。城镇污水的排放是水环境中氮磷的主要来源之一，因此减少和控制氮磷，尤其是磷的排放量，是防止水体富营养化的重要途径之一。

三级处理是指去除特殊污染物质，例如生物难以降解的有机污染物、病原体、矿物质等。经过三级处理的水质可达到工业用水及生活用水标准。

城镇污水处理厂出水排入地表水 IV 类、V 类功能水域或海水三类、四类功能海域时，执行二级标准。二级标准是控制城镇污水处理厂水污染物排放的主导标准，常规二级处理主要是去除污水中的含碳有机物，COD 的去除率为 80%—85%，BOD 的去除率可达 90%—95%，同时可去除部分氨氮和磷。大部分污水处理厂水污染物的排放应达到二级标准的要求。

还有进水水质也会影响污水厂处理的出水水质。进水水质浓度越高，需要投入的成本也越高。而且处理工艺也对进水水质有要求，因此在污水处理的设计上就要根据不同地区进水水质不同而设置不同污水处理工艺。污水处理厂的进水水质主要与以下因素相关：（1）城市性质和经济发展水平。（2）工业废水水质。（3）其他污染源。（4）排水体制。

五、行业政策因素

中国污水处理行业属于政策引导性行业，政府政策是行业发展的重要推动力。随着中国政府对污水处理行业重视程度逐步提升，政府在行业规划、环保监督、配套税务方面相继出台相关政策。

在行业规划方面，2021 年 1 月，发展改革委、环境部等 10 部委联合印发了《关于推进污水资源化利用的指导意见》，总体目标是：到 2025 年，全国污水收集效能显著提升，县城及城市污水处理能力基本满足当地经济社会发展需要，水环境敏感地区污水处理基本实现提标升级；全国地级及以上缺水城市再生水利用率达到 25% 以上，京津冀地区达到 35% 以上；工业用水重复利用、畜禽粪污和渔业养殖尾水资源化利用水平显著提升；污水资源化利用政策体系和市场机制基本建立。到 2035 年，形成系统、安全、环保、经济的污水资源化利用格局。

在行业投资方面，根据《2008—2020 年中国环境经济形势分析与预测》，中国"十二五"和"十三五"期间污水处理投入（含处理投资和运行费用）将分别达到 10583 亿元和 13922 亿元。

在环保监督方面，2014 年全国人大修订《环境保护法》并于 2015 年起施行，确立严厉行政问责措施，严重的环境破坏行为将界定为刑事犯罪。同时，颁布《水污染防治行动计划》《重点流域水污染防治规划（2016—2020）》

等，以加大对污水排放整治力度，提升河流、湖泊的水质要求标准。

在税务优惠方面，2014 年发展改革委、财政部等颁布《污水处理费征收使用管理办法》明确提出污水处理费属于政府非税收收入。2015 年 1 月，发展改革委、住建部和财政部联合颁布《关于制定和调整污水处理收费标准等有关问题的通知》，强调要通过补偿污水处理的运营成本促进污水治理企业合理盈利，解决部分企业出现的成本倒挂问题。

第四节　成本管理与污水处理规模实证分析

一、分析方法简介

本分析采用因子分析，又称因素分析，是一种基于相关关系的数据分析方法。起源于 20 世纪初 Karl Pearson 和 Charles Spearmen 等人关于智力测验的统计分析。其核心是用最少的相互独立的因子来反映原有变量中的大部分信息，即用来探索大批量观测数据背后的结构关系，将具有相同本质的变量归入同一个因子，从而减少变量的个数，也可用于检验变量间关系的假设。

在实际问题的研究中往往希望尽可能多地收集相关变量，以便能够对问题有比较完整、全面和系统的把握与认识，但是由于收集的变量较多，如果这些变量都参与数据建模，无疑将会增加数据分析过程中的计算工作量，而且收集到的诸多变量之间可能或多或少存在相关关系。这类变量间信息的高度相关和重叠会给统计方法的应用造成许多障碍，导致高度的多重共线性或致使回归方程参数不准确，甚至模型不可用。因子分析很好地解决了这些问题，有效地降低了维数，其不对原有变量进行取舍，而是根据原有变量所代表的信息进行重新组合，找出影响变量的共同因子，简化数据。当因子个数远远小于原有变量的个数时，仍然能够反映原有变量的绝大部分信息。此外，旋转后的载荷因子变量更具有可解释性，命名清晰性高，有助于对因子分析结果的解释。

设有 p 个原有变量 x_1，x_2，x_3，…，x_p，且每个变量经过标准化处理后的均值为 0，标准差为 1。现将每个原有变量用 k（k < p）个因子 f_1，f_2，f_3，…，f_k 的线性组合来表示，则有：

$$\begin{cases} x_1 = a_{11}f_1 + a_{12}f_2 + a_{13}f_3 + \cdots + a_{1k}f_k + \varepsilon_1 \\ x_2 = a_{21}f_1 + a_{22}f_2 + a_{23}f_3 + \cdots + a_{2k}f_k + \varepsilon_2 \\ x_3 = a_{31}f_1 + a_{32}f_2 + a_{33}f_3 + \cdots + a_{3k}f_k + \varepsilon_3 \\ \qquad\qquad\cdots\cdots \\ x_p = a_{p1}f_1 + a_{p2}f_2 + a_{p3}f_3 + \cdots + a_{pk}f_k + \varepsilon_p \end{cases}$$

同时，也可用矩阵的形式表示为：

$$X = AF + \varepsilon$$

其中，F 称为因子，因为出现在每个原有变量的线性表达式中，因此也被称为公共因子，f_j（$j = 1$，2，$\cdots$，k）彼此不相关；A 称为因子载荷矩阵，a_{ij}（$i = 1$，2，$\cdots$，p；$j = 1$，2，$\cdots$，k）称为因子载荷，是第 i 个原有变量在 j 个因子上的载荷，ε 称为特殊因子，表示原有变量不能被因子分解的部分，其均值为 0，独立于 f_j（$j = 1$，2，$\cdots$，k）。

在因子不相关的前提下，因子载荷 a_{ij} 是变量 x_i 与因子 f_j 的相关系数，反映了变量 x_i 与因子 f_j 的相关程度。因子载荷的绝对值小于 1，绝对值越接近 1，表明因子 f_j 与变量 x_i 的相关性越强。同时，因子载荷 a_{ij} 的平方也反映了因子 f_j 对解释变量 x_i 的重要程度和作用。

变量共同度，即变量方差，变量 x_i 的共同度 h_i^2 的数学定义为：

$$h_i^2 = \sum_{j=1}^{k} a_{ij}^2$$

该式表明：变量 x_i 的共同度是因子载荷矩阵 A 中第 i 行元素的平方和。在变量 x_i 标准化时，由于变量 x_i 的方差可以表示为 $h_i^2 + \varepsilon_i^2 = 1$，因此原有变量 x_i 的方差可由两个部分解释：第一部分为变量共同度 h_i^2，是全部因子对变量 x_i 方差解释说明的比例，体现了全部因子对变量 x_i 的解释贡献程度。变量共同度 h_i^2 接近 1，说明因子全体解释说明了变量 x_i 的较大部分方差，如果用因子全体刻画变量 x_i，则变量 x_i 的信息丢失较少。第二部分为特殊因子的平方，即特殊因子方差，反映了变量 x_i 方差中不能由因子全体解释说明的部分，ε_i^2 越小，这说明变量 x_i 的信息丢失越少。

总之，变量 x_i 的共同度刻画了因子全体对变量 x_i 信息解释的程度，是评价变量 x_i 信息丢失程度的重要指标。如果大部分原有变量的变量共同度均较高（高于 0.8），则说明提取的因子能够反映原有变量的大部分（80% 以上）的信息，表示仅有较少的信息丢失，因子分析的效果较好。因此，变量公共度是衡量因子分析效果的重要指标。

因子的方差贡献率数学定义为：

$$S_j^2 = \sum_{i=1}^{p} a_{ij}^2$$

该式表明：因子的方差贡献率f_j是因子载荷矩阵 A 中第 j 列元素的平方和。因子f_j的方差贡献率反映了因子f_j对原有变量总方差的解释能力。该值越大，说明相应因子越重要。因此，因子的方差贡献率和方差贡献率S_j^2/P是衡量因子重要性的关键指标。

二、资料来源和指标选取

样本数据来源于《城镇排水统计年鉴 2018》《中国城市统计年鉴 2018》《中国人口和就业统计年鉴 2018》，根据相关文献以及实证数据的有效性和易得性原则，选取了全国具有代表性的 185 座污水处理厂作为实验样本。

按照日污水处理量的大小，可将污水处理厂分为小型（$\leqslant 4 \times 10^4 m^3/d$）、中型 [（4—10）$\times 10^4 m^3/d$]、大型 [（10—40）$\times 10^4 m^3/d$] 和特大型（$\geqslant 40 \times 10^4 m^3/d$）。截至 2017 年年底，全国共有城镇污水处理厂 4205 座，小型、中型、大型、特大型污水处理厂分别占比 77%、13%、9%、1%。本次选取的 185 座污水处理厂中共有小型 135 座、中型 28 座、大型 20 座和特大型 2 座，分别占比 73%、15.1%、10.8% 和 1.1%，与全国不同规模污水处厂所占比例基本一致，样本对总体具有较大说服力。

本次实证利用 SPSS（26）进行数据处理，共选取具有代表性和具体可量化的指标 10 个，指标名称及相关说明见表 4－12。

表 4－12　　　　　　　　污水治理成本评价指标体系

指标类型	指标名称	指标说明
宏观指标	经济发展水平（元）	人均 GDP
	产业结构（%）	第二产业产值/地区生产总值
	人口密度 （万人/平方公里）	单位人口占地面积
运行效率	负荷率	年污水处理总量/（日处理设计能力×全年天数）
	COD 消减率（%）	（日进水 COD 浓度－日出水 COD 浓度）/日进水 COD 浓度
	氨氮消减率（%）	（日进水氨氮浓度－日出水氨氮浓度）/日进水氨氮浓度

续表

指标类型	指标名称	指标说明
运行质量	单位水电耗量	年累计用电量/年处理水量
	单位 COD 消减电耗	年累计用电量/（进出水 COD 浓度之差×年处理水量）
	单位耗氧污染物消减电耗	年累计用电量/[（进水 BOD 浓度－出水 BOD 浓度）+4.57（进水 NH4 +－N 浓度－出水 NH4 +－N 浓度×年处理水量]
可持续性	人员配置水平	污水处理厂人员总数/污水处理厂设计规模

本次选取宏观指标三个：经济发展水平、产业结构、人口密度。微观指标三个：衡量污水处理厂运行效率的年平均负荷率、COD 削减率、氨氮消减率。衡量运行质量的单位水量电耗、单位 COD 削减电耗、单位耗氧污染物消减电耗三个指标以及衡量污水处理可持续性的人员配置水平指标。宏观指标具体解释如下：

（1）经济发展水平。数据来源于 2018 年《中国城市统计年鉴》，选取地区人均 GDP 作为间接衡量指标。经济发展水平在一定程度上可以代表地区污水处理的经济实力，是影响污水治理的重要因素。一方面，经济发展水平高的地区，生产资料价格往往较高，对污水处理成本构成要素有较大影响。另一方面，环境库兹涅茨曲线反映了经济发展水平与对环境治理效率的影响不是简单的正向或者负向影响，两者之间的关系呈现出正"U 形"。当经济发展水平较低时，产生的环境污染较少，此时环境治理水平较高；当经济水平不断发展，资源消耗加剧，污染物产生和排放量逐步超过环境承载能力时，此时环境治理效率不断下降；当经济发展到一定水平后，即到达某个临界值或者拐点，国民环保意识和环境治理能力提升后，环境治理效率又不断提高。

（2）产业结构。数据来源于 2018 年的《中国城市统计年鉴》，选取地区第二产业产值占地区生产总值的比重作为量化指标，污水处理行业属于资本密集的第二产业，第二产业占比高低在一定程度上可以反映地区工业投资建设情况。第二产生占生产总值比重越大，意味着有更多的污染物和对环境更严重的破坏。

（3）人口密度。数据来源于 2018 年《中国人口和就业统计年鉴》，人口密度表现为单位人口占地面积，单位为万人/平方公里。人口密集程度反映所需资源的数量，每个地区人口数不同，人口越多，需要处理的污水量越大，人口密度的大小直接影响到经济活动的规模和能源需求的大小。

三、描述性统计

（一）变量的描述性统计

本书共有样本 185 个，初步筛选缺失数据和异常值后，剩余有效样本 179 个，所选变量相关描述性统计如表 4-13 所示，其中污水处理厂来自全国 72 个省、自治区、直辖市，广泛分布于东部、中部、西部、东北部（根据《城市排水年鉴 2018》，按照四个区域经济带划分，东部地区包括北京、天津、河北、江苏、上海、福建浙江、山东、广东和海南 10 省市；中部地区包括山西、安徽、江西、河南、湖南、湖北 6 省；西部地区包括内蒙古、广西、四川、重庆、云南、陕西、甘肃、青海、宁夏和新疆等 12 省市；东北包括辽宁、吉林和黑龙江 3 省）。样本人均 GDP 最大值为 200022 元，最小值为 18292 元，均值为 79542.23 元，高于 2017 年全国人均 GDP59660 元。第二产业占比均值为 43.94%，最大值为 65.10%，最小值为 19.98%。人口密度均值为 3478.16 人/平方公里，最大值为 11140 人/平方公里，最小值为 450 人/平方公里。污水处理设施年平均负荷率最大值为 132.8%，最小值为 20.3%，均值为 77.90%，低于 2017 年全国城镇污水处理厂 83.95% 的平均负荷率，超负荷运转（负荷率大于 100%）的污水处理厂共有 27 座，占样本量的 15.08%。在污染物消减量方面，COD 削减率和氨氮削减率的最大值分别为 97.7%、99.6%，最小值分别为 61.2%、49.9%，均值分别为 88.65%、93.25%。电耗的衡量指标主要包括三个单位水量电耗（kwh/m³）、单位 COD 削减电耗（kwh/kg）和单位耗氧污染物削减电耗（kwh/kg），最大值分别为 1.30、7.04、4.60，最小值分别为 0.09、0.38、0.44，均值分别为 0.3251、1.8320、1.8426。在人员配置方面，最大值为 50，最小值为 1，均值为 10.24。

表 4-13 　　　　　　　　　　变量的描述性统计

	N	最小值	最大值	均值	标准偏差
人均 GDP（元）	179	18292	200022	79542.23	38836.333
产业结构（%）	179	19.98	65.10	43.9403	7.64597
人口密度（人/平方公里）	179	450	11140	3478.16	2054.873

续表

	N	最小值	最大值	均值	标准偏差
年平均负荷率	179	20.3	132.8	77.896	21.3833
COD 削减率	179	61.2	97.7	88.645	4.7128
氨氮削减率	179	49.9	99.6	93.245	6.9974
单位水量电耗 kwh/m³	179	0.09	1.30	0.3251	0.15691
单位 COD 削减电耗 kwh/kg	179	0.38	7.04	1.8320	1.01663
单位耗氧污染物削减电耗 kwh/kg	179	0.44	4.60	1.8426	0.88470
人员配置水平人万立方米	179	1	50	10.24	8.201

（二）变量相关性

通过对初始变量的标准化处理与数学变换，因子分析法可以消除指标间的相关影响，包括指标分布不同、数值本身差异所造成的不可比等，同时又可以避免信息的重复，能够将众多变量所包含的信息浓缩到特定数量的因子中，使所提取的因子具有综合性和代表性。由于本书涉及多个变量，变量之间可能存在多重共线性。我们可以利用 EViews 软件计算这 10 个变量之间的相关性。当相关性绝对值大于 0.5 时，说明变量之间存在较强的正或负相关关系，可以从表 4-14 中看出，X8（单位 COD 削减电耗）和 X9（单位耗氧污染物削减电耗）之间的相关系数为 0.738，相关性较强，说明做因子分析消除和减少变量之间多重共线性的必要性。表中的 Xi（i = 1，2，3，…，9）表示按表 4-14 顺序命名的变量。

表 4-14 变量相关性

	X1	X2	X3	X4	X5	X6	X7	X8	X9	X10
X1	1.000	0.165	-0.260	0.007	0.061	0.155	0.133	0.014	0.019	-0.158
X2	0.165	1.000	-0.275	-0.050	0.002	0.025	-0.155	-0.169	-0.062	-0.190
X3	-0.260	-0.275	1.000	-0.124	0.040	0.061	0.004	0.013	-0.044	-0.065
X4	0.007	-0.050	-0.124	1.000	0.075	-0.011	-0.310	-0.270	-0.148	0.043
X5	0.061	0.002	0.040	0.075	1.000	0.557	0.138	-0.581	-0.432	-0.374
X6	0.155	0.025	0.061	-0.011	0.557	1.000	0.134	-0.240	-0.373	-0.426
X7	0.133	-0.155	0.004	-0.310	0.138	0.134	1.000	0.470	0.464	0.089
X8	0.014	-0.169	0.013	-0.270	-0.581	-0.240	0.470	1.000	0.738	0.332

续表

	X1	X2	X3	X4	X5	X6	X7	X8	X9	X10
X9	0.019	− 0.062	− 0.044	− 0.148	− 0.432	− 0.373	0.464	0.738	1.000	0.312
X10	− 0.158	− 0.190	− 0.065	0.043	− 0.374	− 0.426	0.089	0.332	0.312	1.000

四、因子分析

(一) 因子分析方法适宜性检验

通过 KMO 和 Bartlett 的检验结果可知（见表 4 – 15），KMO 值为 0.609，大于 0.5，说明这些数据可以进行因子分析，同时巴特利球形度检验中的 Sig 值为 0，小于显著水平 0.05，因此拒绝原假设，说明已选变量之间存在相关关系，适合做因子分析。

表 4 – 15 　　　　　　　　　　　　　KMO 和巴特利特检验

KMO 取样适切性量数		0.609
巴特利特球形度检验	近似卡方	564.904
	自由度	45
	显著性	0

(二) 公共因子的确定及分类

因子分析的核心是用较少的相互独立的因子反映原有变量的绝大部分信息，即将原有变量中的信息重叠部分提取和综合成因子，最终实现减少变量个数的目的，因此公共因子的提取尤为重要。

公共因子的提取个数应根据特征值和累计方差贡献率的大小来确定，一般来说，确定主成分的个数以特征根大于 1 的主成分个数为宜。本次实证选择 4 个主成分，其初始特征值分别为 2.919、1.695、1.478、1.024，旋转载荷平方和的特征值分别为 2.379、2.182、1.449、1.106，方差贡献率分别为 23.786%、21.820%、14.491%、11.063%，累计方差贡献率达到 71.161%，说明变量空间转化为主成分空间时，保留了绝大部分的信息。因此，可以选择此 4 个公共因子，用以解释原有的 10 个变量。

　　从旋转后的因子载荷矩阵表（见表4－16）中可以看出4个公共因子与各变量之间的相关性。将4个公共因子分别设为F1、F2、F3、F4。从表4－17中可以看出，第一个公共因子F1在COD削减率、氨氮削减率的因子载荷系数较大，分别为0.854、0.824，主要解释了在污染物消减方面的成本；第二个公共因子F2在单位水量电耗、单位COD削减电耗、单位耗氧污染物削减电耗的因子载荷系数较大，分别为0.872、0.756、0.698，该公共因子的方差贡献率为21.820%，主要解释了电耗与污水处理成本的关系；第三个公共因子F3在人均GDP、产业结构、人口密度，分别为0.691、0.498、－0.803，该公共因子的方差贡献率为14.491%，主要解释了宏观经济条件对成本的关系；第四个公共因子F4在年平均负荷率、人员配置水平因子载荷系数较大，分别为0.715、0.413，主要解释了污水处理设施承载情况以及污水运行可持续的对污水治理成本的影响。4个公共因子的累计方差贡献率达到78.050%，在充分提取和解释原变量的信息方面较为理想。

表4－16　　　　　　　　　　　　　总方差解释

成分	初始特征值			提取载荷平方和			旋转载荷平方和		
	总计	方差百分比	累积（%）	总计	方差百分比	累积（%）	总计	方差百分比	累积（%）
1	2.919	29.195	29.195	2.919	29.195	29.195	2.379	23.786	23.786
2	1.695	16.947	46.142	1.695	16.947	46.142	2.182	21.820	45.607
3	1.478	14.783	60.925	1.478	14.783	60.925	1.449	14.491	60.097
4	1.024	10.236	71.161	1.024	10.236	71.161	1.106	11.063	71.161
5	0.765	7.647	78.808						
6	0.665	6.647	85.455						
7	0.551	5.513	90.968						
8	0.503	5.027	95.995						
9	0.258	2.579	98.574						
10	0.143	1.426	100.000						

表4－17　　　　　　　　　　　　旋转后的成分矩阵

	成分			
	1	2	3	4
人均GDP（元）	0.230	0.196	0.691	－0.051
产业结构（%）	－0.061	－0.317	0.498	－0.624

续表

	成分			
	1	2	3	4
人口密度（人/平方公里）	0.125	0.052	−0.803	−0.082
年平均负荷率	−0.019	−0.406	0.249	0.715
COD 削减率	0.854	−0.113	0.004	0.128
氨氮削减率	0.824	0.058	0.038	−0.041
单位水量电耗 kwh/m³	0.217	0.872	0.053	0.002
单位 COD 削减电耗 kwh/kg	−0.491	0.756	−0.018	−0.078
单位耗氧污染物削减电耗 kwh/kg	−0.502	0.698	0.093	−0.022
人员配置水平人万立方米	−0.598	0.204	−0.055	0.413

（三）因子综合得分

因子分析的最终目的是减少变量个数，以便在进一步的分析中用较少的因子代替原有的变量参与数据建模。由回归法计算各因子得分，以此来反映各污水处理厂成本的相关情况。综合因子计算公式为 F = 23.786% × F1 + 21.820% × F2 + 14.491% × F3 + 11.063% × F4 计算得出各污水处理厂的因子综合得分。其中，最大值为 1.35；最小值为 −1.07；标准偏差为 0.370。本步骤计算各样本的因子综合得分，为进一步的分析奠定基础。

（四）适度规模结果分析

综合得分越高，表示污水处理厂成本管理控制情况越好。通过表 4−18 可以看出不同规模的污水处理厂综合得分差距明显，小型污水处理厂均值最小，为 −0.377，表示小型污水处理厂成本管理控制情况不理想，原因在于污水处理行业属于自然垄断行业，前期投资建设成本大，进入壁垒相对较高，小型污水处理厂由于其负荷能力有限，无法大规模进行污水处理，难以形成规模效益。日处理规模在 4−10×104 立方米/日之间的中型污水处理厂成本管理控制得分均值最高，为 0.2750，表明此时存在适度规模，这一结果与褚俊英（2004）和陈洪斌（2006）认为污水处理最佳规模在 10×104 立方米/日左右的结果相一致。大型污水处理厂均值为 0.0667，综合得分小于中型污水处理厂，大于小型污水处理厂，成本控制带来的规模效益不明显，可能原因

表 4 – 18　　　　　　　　　日处理规模与综合得分的关系

规模	N	最小值	最大值	均值	标准偏差	方差	极差
小型	130	– 1.07	1.35	– 0.0377	0.39625	0.157	2.42
中型	2	0.21	0.34	0.2750	0.09843	0.010	0.13
大型	27	– 0.58	0.55	0.0667	0.29737	0.088	1.13
特大型	20	– 0.41	0.49	0.1278	0.24229	0.059	0.9

在于大型污水处理厂投资大、建设时间长、管网不配套等，使得能耗、设备和构筑物等并没有过多节省，只有规模大到一定程度才能再次实现规模效益，我们可以看出在污水处理厂日处理规模进一步扩大到 40×104 立方米/日时，综合得分均值也相应提高，为 0.1278，显著大于中型污水处理厂的综合得分（见图 4 – 10）。

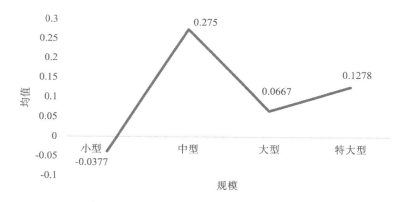

图 4 – 10　规模与均值折线图

在本次实证中，公共因子 F1 所代表的 COD 削减率、氨氮削减率两个指标对成本的影响最大，表明运行效率是影响成本的主要因素；不同规模的污水处理厂成本管理存在较大差异，日处理规模在 $4 - 10 \times 104$ 立方米/日之间的中型污水处理厂成本管理控制得分均值最高，适度规模效果最为突出。污水处理设施建设运营应充分考虑地区发展情况、人口密度和产业结构，合理规划处理规模与空间布局，提高资源的配置效率。中国污水处理行业仍处于建设发展时期，其成本管理与控制过程应该是综合性、多层次、全方位的，要兼顾规模与效率，满足企业自身的长足发展及社会需求。

五、成本管理中的问题分析

（一）成本倒挂现象依然严重

污水处理成本与收费价格倒挂造成亏损。一是投入较大，再生水化提标改造、加盖除臭工程、扩容、尾水提标等项目的推进都需要资金投入，大量资金依赖企业自筹。二是近年来物价上涨、人工成本增加，造成污水处理行业生产成本不断增加。三是个性因素导致的成本上升，如进水水质较差时，会增加药剂量及污泥产生量。使用年限较长的机器设备，维修维护成本较高。进水高峰时段，进水量超出设计处理能力，运行成本增加。以西安污水处理有限责任为例，公司 2019 年污水处理单位成本已达到 1.25 元/吨，而目前执行的结算价格为 1.1 元/吨（含税价）、0.95 元/吨（不含税价），污水处理结算不含税价仅为成本的 75.8%。这种成本与价格倒挂的问题是影响企业发展的主要原因。

（二）投入较大，资金短缺

污水处理设施投入的资金巨大，主要靠向商业银行贷款、企业自行筹措，政府的扶持补助资金有限，造成企业资产负债率居高不下，污水企业偿债压力大，财务费用高。企业的融资能力在逐步减弱，征收的污水处理费等也只能勉强维持运营成本，建设费用较难筹集。政府购买服务范围空间有限，政府向社会转移职能缓慢。资金瓶颈影响了污水管网设施的建设和运营。

（三）污水处理行业管理有待进一步提高

内控管理还不到位，行业管理还需要有一定的管理手段，管理体制还不完善，缺少绩效目标责任制，企业竞争优势没有充分发挥。企业经营情况差异大，相比大型污水处理企业，中小企业在经营管理等方面还存在一定的优化空间，资产周转率低下，运营成本较高，企业销售能力不强，劳动效率还较低，企业资源没有充分利用，缺乏控制成本费用的手段，融资能力较弱，融资渠道相对狭窄，还需国家的投入和支持，需要坚持继续推进市政公用行业的改革，加大绩效管理，加快建立科学高效的企业管理制度，提高企业的竞争能力。

（四）污水处理企业的再生水利用率普遍不高

企业再生水回收利用收益差异化。一是部分城市再生水利用设施管网等还不健全，使用中水积极性不高，再生水回用率低。二是大部分企业出厂水质为一级 A 标准，只能用于绿化浇灌、景观、工业等，再生水回收用途有限。三是部分企业再生水利用价格优势和市场空间小。四是部分地方存在少量自备井，产生的污水监管有一定空白区，收费难度大，污水处理费收缴率还有提高空间。

（五）城市（县城、镇）污水处理基础设施差异化大

一是污水处理基础设施依然不足，投资需求巨大。二是部分污水处理厂规模偏小、技术力量弱，对社会资本和企业吸引力不足。三是重点镇普遍没有执行污水处理收费政策，缺少运行经费，部分重点镇无资金开展污水收集处理设施建设工作。四是污水管网不完善，甚至部分建成区存在生活污水直排口，产生的生活污水直接排入河道、湖泊等。

第五章

污水治理适度规模与服务效率实证分析

第一节　研究方法及指标选取

污水处理行业是一个特殊行业，与其他服务业相比，该行业具有不直接面对客户的特性，为居民提供达标的水资源是该行业与客户的桥梁。行业的特殊性导致该行业的服务效率就是在于成本最小化，污水处理企业进行成本管理的目的是最大限度地提高其服务效率。根据规模经济理论，如果污水处理企业的运作达到满负荷，则污水处理服务的相关成本可以平均地分配到污水处理企业污水处理量，即在达到污水治理标准的情况下，污水处理企业以最小的成本提供污水处理服务，最终使得污水治理服务效率达到最佳水平，并分析影响污水治理服务效率的关键因素。

一、服务效率测算方法与指标选取

数据包络分析法（DEA）是 20 世纪 80 年代由美国学者 Charnes 等人提出的一种效率评估技术。该技术把单投入、单产出的工程效率概念延伸到多投入、多产出同类决策单元的有效效率评价中，是评价技术、管理科学、决策分析和系统工程等多领域效率评价的关键分析手段与工具。随着 DEA 方法的不断发展，在经济效率与效益方面的应用研究是一个非常有意义的课题。DEA 技术是在数学规划思想的基础上建立，利用数学中的线性规划模型对每个 DMU 之间的效率进行评价的技术。在规模报酬不变（CRS）的情况下，

CCR 模型可以衡量污水处理企业的综合效率。BBC 模型是为了进一步分析影响综合效率的因素。Kaoru Tone 提出基于松弛的数据包络分析效率度量方法（Slack - Based Measure，SBM 模型），这种方法解决了投入过剩和产出不足的问题，又解决了非期望产出的效率评价问题。SBM 模型在生态环境方面和能源效率评价方面得到广泛的运用，同时也适用于污水处理服务效率评价。

　　SBM 模型假设在某个段时期 t 内，有 n 个 DMU，每个 DMU 中有 m 种投入要素 X、z1 种期望产出要素 Y 和 z2 种非期望产出要素 Y，形成 3 个投入产出要素，向量表示为 $x \in Rm$，$yb \in R_{z1}$，$yg \in R_{z2}$，由此形成的投入要素集向量与产出要素的集向量如下：

$$X = [x_1, \cdots, x_n] \in R^{m \times n}$$

$$Y^b = [y_1^b, \cdots, y_1^b] \in R^{z_1 \times n}$$

$$Y^g = [y_1^g, \cdots, y_n^g] \in R^{z_2 \times n}$$

$$X > 0, Y^b > 0, Y^g > 0$$

非期望产出 SBM 模型：

$$\rho^* = \min \frac{1 - \frac{1}{m} \sum_{i=1}^{m} \frac{h_i}{x_{ik}}}{\frac{1}{z_1 + z_2} \left(\sum_{r=1}^{z_1} \frac{w_r^b}{y_{rk}^b} + \sum_{q=1}^{z_2} \frac{w_q^g}{y_{qk}^g} \right)}$$

$$s.t. \begin{cases} \lambda_j X + w^- = x_0 \\ \lambda_j Y^b + w^b = y_0^b \\ \lambda_j Y^g + w^g = y_0^g \end{cases}$$

$$i = 1, 2, \cdots, m \quad r = 1, 2, \cdots, z_1 \quad q = 1, 2 \cdots, z_2 \quad j = 1, 2, \cdots, n$$

$$\lambda_j \geq 0, \quad w^-, w^b, w^g \geq 0$$

上式中 ρ^* 为效率值；λ 为权重系数；w^- 与 w^b、w^g 分别为每个 DMU 投入、产出的松弛变量；x_0 与 y_0 分别为每个 DMU 的投入变量、产出变量。若 $\rho^* = 1$ 即 $w^- = w^b = w^g = 0$ 时，则 DMU 的效率有效；反之，则 DMU 的效率无效。

　　Caves、Christensen 与 Diewert 首次将数据包络技术与 Malmquist 指数相结合测算评价生产部门全要素生产率。由此形成 DEA - Malmquist 静态与动态相结合的效率评价分析方法，广泛应用于生态、能源、金融等领域多投入、多产出条件下的全要素生产率测算。Malmquist 指数方法是在数据包络技术的基础上算出全要素生产效率，将其进一步分解为技术效率变化和技术进步变化。

Malmquist 指数为：

$$M(x_t, y_t, x_{t+1}, y_{t+1}) = \sqrt{\frac{D^t(x^{t+1}, y^{t+1})}{D^t(x^t, y^t)} \times \frac{D^{t+1}(x^{t+1}, y^{t+1})}{D^{t+1}(x^t, y^t)}}$$

其中，$D^t(x^t, y^t)$，$D^t(x^{t+1}, y^{t+1})$ 分别是 t 时期和 t+1 时期的技术作为参考对象；$D^{t+1}(x^{t+1}, y^{t+1})$ 与 $D^{t+1}(x^t, y^t)$ 时期 t 和时期 t+1 的 DMU 的距离函数。

在规模报酬可变的假设下，Fare 等提出将技术效率变化进一步分解为纯技术效率变化与规模效率变化，如下：

$$M(x^{t+1}, y^{t+1}, x^t, y^t) = \frac{D^t(x^{t+1}, y^{t+1} \mid VRS)}{D^t(x^t, y^t \mid VRS)} \cdot$$

$$\left[\frac{D^{t+1}(x^{t+1}, y^{t+1} \mid CRS)}{D^{t+1}(x^{t+1}, y^{t+1} \mid VRS)} \cdot \frac{D^t(x^t, y^t \mid VRS)}{D^{t+1}(x^{t+1}, y^{t+1} \mid CRS)}\right] \cdot$$

$$\sqrt{\frac{D^t(x^{t+1}, y^{t+1})}{D^{t+1}(x^{t+1}, y^{t+1})} \times \frac{D^t(x^t, y^t)}{D^{t+1}(x^t, y^t)}}$$

$$= pech \times sech \times tech$$

上式中 $M(x^{t+1}, y^{t+1}, x^t, y^t)$ 大于 1 表示生产率提高，反之则下降；技术变化大于 1 表示技术进步，反之则后退；纯技术效率大于 1 表示管理的改善使效率改进，反之则降低；规模效率大于 1 表示规模向最优规模靠近。

鉴于污水处理企业的特殊性，选择的投入、产出指标需要考虑到对企业的运行成本的可比性、重要性以及可计量的因素。马乃毅等（2012）运用 New-Cost-DEA 模型对河南省 13 座污水处理企业成本效率研究中选取动力费、药剂费、人工费作为投入指标，以年度污水处理量作为产出指标。李鑫等（2017）应用 DEA-Tobit 模型对国内县域污水处理行业减排效率进行评价中选取年耗电量、年处理能力、雇员人数、年运营费用为投入变量，以 COD、BOD5、氨氮消减量与污水实际处理量为产出变量。根据可比性、可计量性与多指标量评价为原则，在成本方面考虑到运行成本与投资成本，用设计处理能力替代投资成本的投入。根据《全国第二次污染源普查生活源产排污系数手册》中城镇生活源水污染物产污校核系数，在产出方面考虑到每个地理区域的产污系数不同，以污染物的消减量作为产出指标缺乏严谨性，因此，选取污染物的消减量率作为产出指标。以人员配置数量、污水设计处理能力、年累计用电量、年直接运行费作为投入指标，选取污水处理企业氨氮削减率、年污水处理总量、COD 削减率、BOD5 削减率作为产出指标（见表 5-1）。

表 5 - 1　　　　　　　　　　污水处理服务效率评价指标体系

项目		指标名称	指标说明
产出指标	污水处理量	年污水处理总量	全年污水处理企业污水处理总量
	污染物消减量	COD 削减率	（进水 COD 浓度 - 出水 COD 浓度）/进水 COD 浓度
		氨氮削减率	（进水氨氮浓度 - 出水氨氮浓度）/进水氨氮浓度
		BOD$_5$ 削减率	（进水 BOD$_5$ 浓度 - 出水 BOD$_5$ 浓度）/进水 BOD$_5$ 浓度
投入指标	资本投入	年直接运行费用	全年污水处理企业运行费用
		年设计处理能力	全年污处理厂设计时污水处理总量
	劳动投入	人员配置数量	污水处理企业人员总数
	资源投入	年累计用电量	全年污水处理企业耗用电量

二、服务效率影响因素分析方法与指标选择

通过 DEA 技术分析出污水处理企业的服务效率处于 ［0，1］ 之间，效率值属于受限变量，选择 Tobit 模型分析其影响因素较为合适。James Tobin 在分析家庭耐用品的支出情况时对 Probit 回归进行的一种推广，其后又被扩展成多种情况，其函数表达式如下：

$$\begin{cases} y_i^* = x_i' \beta + u_i \\ y_i = y_i^*, y_i^* > 0 \\ y_i = 0, y_i^* \leqslant 0 \end{cases}$$

$i = 1, 2, \cdots, n$

本书将污水处理效率作为因变量，以可能影响服务效率的因素作为自变量，具体如表 5 - 2 所示。将可能影响服务效率的因素划分为内部因素与外部因素。

内部因素主要有以下几点：（1）出水标准直接影响污染物的削减率和处理成本。出水标准越高，单位水处理成本越高，但单位水量的污染物削减量越大。因此，出水标准对服务效率的影响方向是负向。（2）污水处理企业设计污水处理能力越强，投入成本越大，对企业成本效率越不利，对服务效率

表 5 - 2   污水处理服务效率可能影响因素

	因素名称	因素说明	预测方向
外部因素	区域产污系数	排污系数由高至低排序，赋值 1—5	正向
	人口密度	污水处理企业所在区域的人口密度	正向
	人均 GDP	污水处理企业所在区域的人均生产总值	正向
	第二产业比重	污水处理企业所在区域的第二产业比重	负向
	第三产业比重	污水处理企业所在区域的第三产业比重	负向
	排水管道密度	污水处理企业所在区域的管道密度	负向
内部因素	出水标准	一级 A = 3；一级 B = 2；其他 = 1	负向
	设计处理能力	污水处理企业设计时每日污水处理量	负向
	岗位持证比例	污水处理企业关键岗位持证比例	正向
	负荷率	实际污水处理总量/设计处理总量	正向

的影响为负向。（3）负荷率是指污水处理企业年实际处理水量与年设计污水处理量的比值。负荷率越高，设施利用率越高，成本效率应越高，对服务效率的影响为正向。（4）污水处理企业关键岗位的持证比例越高，业务熟练程度越高，对服务效率影响为正向。

外部因素如下：（1）中国地域辽阔，水生态和社会经济水平差异较大，污水排放系数不同。根据《全国第二次污染源普查生活源产排污系数手册》中城镇生活源水污染物产污校核系数，结合行政区划，并充分考虑地理环境因素、城市经济水平、气候特点和用排水特征等，将全国（不包括台湾地区、香港特区和澳门特区）划分为六个地区。分别如下：一区的排污系数为80.5—164：黑龙江、吉林、辽宁、内蒙古东部；二区排污系数为82.5—148：北京、天津、河北、山西、河南、山东；三区排污系数为70—152：陕西、宁夏、甘肃、青海、新疆、内蒙古中西部；四区排污系数为118—223：上海、江苏、浙江、安徽、江西、福建；五区排污系数为117—276：广东、广西、湖北、湖南、海南；六区排污系数为96.5—202：重庆、四川、贵州、云南、西藏。污水排放系数越高，污水排放量越大且相对稳定，且季节波动较小，有利于服务效率的提高。（2）人口密度越大，更利于污水的收集，减少污水收集成本，对服务效率的影响为正。（3）经济发展水平越高，污水排放量越大，对环境服务的重视程度越高，经济实力越强，有利于提高服务效率，则预测方向为正。（4）不同产业的污染物排放系数存在较大差异，产业结构可能是影响服务效率的因素之一。工业的污水处理比生活污水处理困难得多。因此，工业增加值在区域 GDP 中所占比重越高，越不利于提高服务效率。服务业比重越高，人口的流动性越高，越不利于服务效率的提高。(5) 城市管道密度越大，建设成本越高，污水收集成本越高，越不利于提高污水处理服务效率。

三、分析框架

根据统计年鉴以及行业划分标准，把污水处理企业可分为小型（≤4 × $10^4 m^3/d$）、中型 [(4—10) ×$10^4 m^3/d$]、大型 [(10—40) ×$10^4 m^3/d$] 和特大型（≥$40×10^4 m^3/d$），对上述各规模进行 DEA 论证，该部分的研究使用 DEA 方法中 SBM – Malmquist 模型进行分析，得出污水处理企业的服务效率，以 DEA 效率值为被解释变量，内外部因素为解释变量，采用 Tobit 模型找出显著影响效率的因素。SBM – Malmquist 模型利用 Max DEA 8.0 统计分析软件进行数据处理，Tobit 模型利用 Stata14 统计分析软件进行数据处理。分析框架如图 5 – 1 所示。

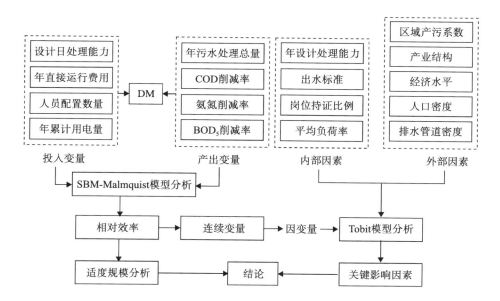

图 5 – 1　污水处理服务效率及其影响因素分析基本框架和方法

第二节　数据来源

根据 2015—2017 年《城镇排水统计年鉴》中，考虑不同的执行标准和数据的完整性的影响，以及未来中国的水污染管控将变得越来越严格，选取具有出水执行标准的污水处理企业为研究对象，再剔除数据不完整和具有异常值的无效样本，选取 81 座城镇污水处理企业作为研究对象，81 座城镇污水处理企业 3 年数据共 243 个样本作为研究样本，进行 DEA 分析。投入指标、产出指标以及内部因素均来自 2015—2017 年《城镇排水统计年鉴》；经济水平与产业结构数据来源于 2015—2017 年《城市统计年鉴》；人口密度与区域排水管道密度数据来源于 2015—2017 年《城市建设统计年鉴》；区域产污系数来源于《全国第二次污染源普查生活源产排污系数手册》。

第三节　实证分析

一、描述性统计分析

根据《城镇排水统计年鉴》单位完全成本 1.34 元/立方米，其中单位运行费用 0.95 元/立方米，占完全成本 70.90%，单位更新改造费 0.39 元/立方米，占单位完全成本 29.1%，单位耗电量 0.33 度/立方米。

根据《全国第二次污染源普查生活源产排污系数手册》的地理区域的划分，一区具有 6 个样本，样本产污系数平均值为 114，第二产业比重的平均值为 29.45%，第三产业比重的平均值为 44.66%，人均生产总值的平均值为 28649 元，人口密度的平均值为 4394.33 人/平方千米，最大值 6071 人/平方千米，城市建成区排水管道密度的平均值为 3.737 公里/平方千米；二区具有 108 个样本，样本产污系数平均值为 129.06，第二产业比重的平均值为 47.18%，第三产业比重的平均值为 43.76%，人均生产总值的平均值为 60100.67 元，人口密度的平均值为 3382.06 人/平方千米，城市建成区排水管道密度的平均值为 11.67 公里/平方千米；三区具有 3 个样本，样本产污系数平均值为 152，第二产业比重的平均值为 35.49%，第三产业比重的平均值为 60.74%，人均生产总值的平均值为 72213.67 元，人口密度的平均值为 7324 人/平方千米，城市建成区排水管道密度的平均值为 4.71 公里/平方千米；四区具有 105 个样本，样本产污系数平均值为 184.71，第二产业比重的平均值为 47.45%，第三产业比重的平均值为 44.80%，人均生产总值的平均值为 84762.47 元，人口密度的平均值为 2856.9 人/平方千米，城市建成区排水管道密度的平均值为 12.11 公里/平方千米；五区具有 15 个样本，样本产污系数平均值为 276，第二产业比重的平均值为 49.05%，第三产业比重的平均值为 45.20%，人均生产总值的平均值为 77399.6 元，人口密度的平均值为 2608.07 人/平方千米，城市建成区排水管道密度的平均值为 8.49 公里/平方千米；六区具有 6 个样本，样本产污系数平均值为 127，第二产业比重的平均值为 37.24%，第三产业比重的平均值为 40.99%，人均生产总值的平均值为 24279.5 元，人口密度的平均值为 5590 人/平方千米，城市建成区排水管道密度的平均值为 9.65 公里/平方千米。

表 5 - 3　　　　　　　　　研究样本的描述统计分析

指标：单位	最大值	最小值	平均值	标准差
人员配置数量（人）	35	1	8.54	5.8
设计日处理能力（万吨）	60	0.4	7.30	10.39
年累计用电量（kwh）	99313434	154341	6927063.83	12985826.84
年直接运行费（万元）	19734	44.1	1437.65	2457.06
BOD_5 削减率（%）	100	59.64	92.88	5.20
COD 削减率（%）	98.7	70.9	89.31	4.04
氨氮削减率（%）	99.6	60.2	92.25	6.56
年污水处理总量（万吨）	19991	40.51	2287.736	3508.84
区域产污系数	5	1	3.81	1.28
人口密度（人/平方千米）	8047	1010	3235.54	1611.81
人均 GDP（元）	162388	20077	70313.33	36449.44
第二产业比重（%）	62.92	21.63	46.59	6.34
第三产业比重（%）	69.78	26.34	44.46	7.74
管道密度（公里/平方千米）	22.51	1.38	11.36	4.89
出水标准	3	1	2.47	0.57
岗位持证比例（%）	100	0	78.41	27.12
负荷率（%）	115.54	11.1	78.79	19.31

表 5-2 为数据包络分析中投入—产出指标的描述性分析,通过分析发现:4 个产出指标中,年污水处理量的最小值为 40.51 万吨,最大值为 19991 万吨,均值为 2287.736 万吨,标准偏差为 3508.84 万吨;氨氮削减率的最小值为 60.2%,最大值为 99.6%,平均值约为 92.25%,标准偏差为 6.56%;COD 削减率的最小值为 70.9%,最大值为 98.7%,平均值约为 89.31%,标准偏差为 4.04%;BOD_5 削减率的最大值为 100%,最小值为 59.64%,平均值约为 92.88%,标准偏差为 5.20%。4 个投入指标中,年直接运行费的最小值为 44.1 万元,最大值为 19734 万元,平均值在 1437.65 万元,标准偏差为 2457.06 万元;年累计用电量最小值为 154341kwh,最大值为 99313434kwh,平均值为 6927063.83kwh,标准偏差为 12985826.84kwh;设计日处理能力的最小值为 0.4 万吨,最大值为 60 万吨,均值为 7.30 万吨,标准偏差为 10.39 万吨;人员配置数量最小值为 1 人,最大值为 35 人,平均值为 8.54 人,标准偏差为 5.8 人。

二、基于 SBM 模型不同规模污水处理企业服务效率分析

本书基于 SBM 模型对 2015—2017 年 81 个不同规模污水处理企业,使用 DEA - Solver 5.0 统计软件进行逐年测算,其结果如表 5-4、图 5-2 所示。

表 5-4　　　　　　　不同规模污水处理企业的综合效率得分

类型	范围:m³/d	2015 年	2016 年	2017 年
小型	≤4×10⁴	0.785	0.800	0.737
中型	(4—10)×10⁴	0.571	0.655	0.629
大型	(10—40)×10⁴	0.737	0.699	0.699
特大型	≥40×10⁴	0.671	0.622	0.617

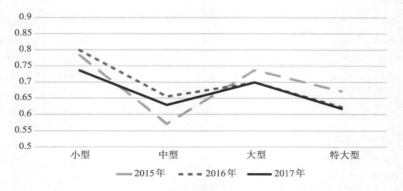

图 5-2　不同规模污水处理企业的整体效率

整体效率分析。243 样本的污水处理企业 2015—2017 年整体的综合效率值分别为 0.730、0.750 和 0.702，由此可知 2016 年的综合效率为最高，从图 5-2 可以看出污水处理企业的综合效率随着年份的增加呈现上升的趋势。

各年综合效率分析。2015 年 81 个样本污水处理企业中，小型（$\leq 4 \times 10^4 \mathrm{m}^3/\mathrm{d}$）、中型［$(4—10) \times 10^4 \mathrm{m}^3/\mathrm{d}$］、大型［$(10—40) \times 10^4 \mathrm{m}^3/\mathrm{d}$］和特大型（$\geq 40 \times 10^4 \mathrm{m}^3/\mathrm{d}$）的综合效率分值分别为 0.785、0.571、0.737 和 0.671。由表 5-4 当污水处理规模为小型时，综合效率达到最大值；污水处理规模为中型时综合效率达到极小值。从图 5-2 可以看出，污水处理企业的综合效率随着规模的增大呈现出下降的趋势，在大型污水处理企业内综合效率达到极大值，但是污水处理规模达到一定程度后，综合效率出现下降的趋势。

2016 年 81 个样本污水处理企业中，小型（$\leq 4 \times 10^4 \mathrm{m}^3/\mathrm{d}$）、中型［$(4—10) \times 10^4 \mathrm{m}^3/\mathrm{d}$］、大型［$(10—40) \times 10^4 \mathrm{m}^3/\mathrm{d}$］和特大型（$\geq 40 \times 10^4 \mathrm{m}^3/\mathrm{d}$）的综合效率分值分别为 0.800、0.655、0.699 和 0.622。由表 5-4 当污水处理规模为小型时，综合效率达到最大值为 0.800；污水处理规模为中型时综合效率达到极小值为 0.655。从图 5-2 可以看出，污水处理企业的综合效率随着规模的增大呈现出下降的趋势，在大型污水处理企业内综合效率达到极大值，但是污水处理规模达到一定程度后，综合效率出现下降的趋势。

2017 年 81 个样本污水处理企业中，小型（$\leq 4 \times 10^4 \mathrm{m}^3/\mathrm{d}$）、中型［$(4—10) \times 10^4 \mathrm{m}^3/\mathrm{d}$］、大型［$(10—40) \times 10^4 \mathrm{m}^3/\mathrm{d}$］和特大型（$\geq 40 \times 10^4 \mathrm{m}^3/\mathrm{d}$）的综合效率分值分别为 0.737、0.629、0.699 和 0.617。由表 5-4 当污水处理规模为小型时，综合效率达到最大值为 0.737；污水处理规模为中型时综合效率达到极小值为 0.629。从图 5-2 可以看出，污水处理企业的综合效率随着规模的增大呈现出下降的趋势，在大型污水处理企业内综合效率达到极大值，但是污水处理规模达到一定程度后，综合效率出现下降的趋势。

由表 5-4 和图 5-2 可知，243 个样本的污水处理企业整体的规模效率为 0.727，综合效率值随着污水处理量规模的增加呈现出先下降后稳健上升，达到特大型污水处理规模时从极大值后再下降的趋势。其中，三年中小型的污水厂的综合效率值均为最大值；随着污水处理量的增加，到中型的污水处理企业综合效率值均为极小值，当污水处理量继续增加，综合效率随着污水处理规模的增加而增大，当规模进一步扩大到大型规模时，综合效率为极大值点，即为适度规模。

由以上分析可知，随着污水处理量的增加，污水处理企业的综合效率都出现了先下降，后达到极大值的趋势，这说明随着污水处理量的提高，污水处理企业通过增加人员配置数量、扩建处理能力、提高污水处理技术与工艺等措施提高污水处理企业的处理能力，使污水处理企业总成本被分配在更多的污水处理量中，从而导致综合效率下降；但是当污水处理企业的规模达到一定程度后（4—10）×104m³/d），其所产生的效益已经足以弥补所产生的成本，其综合效率继续上升，出现了规模经济状态。通过对不同规模的样本污水处理企业服务效率的分析，可以确认样本污水处理企业规模所处的区间范围，对各污水处理企业是否增加投入或者减少投入提供数据支撑，对于服务效率正处于上升水平的污水处理企业应加大投入，对服务效率正处于污水处理企业的应减少投入，从而使各污水处理企业的资源得到合理配置，最终提高污水处理企业的服务效率水平。

三、非有效决策单元的松弛变量分析

松弛变量分析是数据包络分析中的关键环节，松弛变量分析主要是针对未达到效率的决策单元，对这些未达到相对有效的 DMU 决策单元利用松弛变量进行投影分析，计算每个污水处理企业的实际值和投影值以及过剩值（实际值－投影值），发现这些决策单元中在投入或者产出中存在的问题，了解为达到相对有效率需要在投入数量和产出回报中有多少改善空间。

第一，投入指标的松弛变量分析。通过表 5－5 分析发现，污水处理企业非 DEA 有效的决策单元在 4 个投入指标中均存在不同程度的过剩，说明这些污水处理企业应当根据污水处理量减少投入比例。从 3 年中人员配置数量投入指标看，小型、中型、大型和特大型的平均过剩比例分别为 4.13%、10.55%、0.29% 和 8.83%，3 年数据中平均各自需要减少的污水处理企业员工数为 0.44 人、0.61 人、0.01 人和 0.27 人，3 年数据中型污水处理企业的人员配置数量过剩比例最大，小型与大型过剩比例较小；从设计日处理能力投入指标看，小型、中型、大型和特大型的过剩比例分别达到 3.06%、7.41%、7.71% 和 1.44%，要想使投入指标达到理想状态，小型、中型、大型和特大型的需要减少设计投入分别为 0.07 万吨、0.56 万吨、1.56 万吨和 0.79 万吨，3 年数据大型污水处理企业的设计日处理能力投入过剩比例最大，特大型过剩比例较小；在年累计用电量投入指标上，要想使年累计用电量达到理想投入值，小型、中型、大型和特大型分别需要减少 690929.67kwh、

2930622.03kwh、6035727.67kwh 和 28991156.08kwh 的用电量投入，小型、中型、大型和特大型的过剩比例分别达到 38.18%、45.81%、32.89% 和 41.45%，3 年数据中型污水处理企业的年累计用电量投入过剩比例最大，大型过剩比例最小；在年直接运行费方面，小型、中型、大型和特大型的过剩值分别为 138.75 万元、868.30 万元、1661.56 万元和 6141.16 万元，需要减少运行费的比例为 31.31%、56.18%、44.35% 和 52.93%，3 年数据中型污水处理企业的年直接运行费投入过剩比例最大，小型过剩比例最小。

综上所述，小型、中型、大型和特大型在年用电量与年运行费投入指标存在较大过剩，这也反映出了污水处理企业存在一定程度的盲目规模扩张的问题，造成了污水处理服务资源浪费的现象。小型污水处理企业在 4 个投入指标中过剩比例均为最小，其次是大型污水处理企业，中型的过剩比例均为最大。

表 5 - 5　　　　　　　　不同规模非有效决策单元的投入指标分析

投入指标	年份	项目	污水处理企业类型			
			小型	中型	大型	特大型
设计处理日能力（万吨）	2015	目标值	2.12	6.66	18.41	52.62
		过剩值	0.06	0.76	1.50	2.38
		过剩比例	2.62%	10.18%	7.55%	4.32%
	2016	目标值	2.24	6.90	18.17	55.00
		过剩值	0.06	0.69	1.75	0.00
		过剩比例	2.83%	9.10%	8.79%	0.00%
	2017	目标值	2.30	7.37	18.55	55.00
		过剩值	0.09	0.23	1.36	0.00
		过剩比例	3.72%	2.96%	6.81%	0.00%
员工配置人数（人）	2015	目标值	10.77	5.29	3.38	2.72
		过剩值	0.45	0.61	0.00	0.00
		过剩比例	4.02%	10.37%	0.00%	0.00%
	2016	目标值	10.99	4.62	3.39	2.50
		过剩值	0.15	0.79	0.03	0.50
		过剩比例	1.36%	14.60%	0.88%	16.67%
	2017	目标值	9.69	6.04	3.00	2.71
		过剩值	0.73	0.43	0.00	0.30
		过剩比例	7.01%	6.69%	0.00%	9.83%

续表

投入指标	年份	项目	污水处理企业类型			
			小型	中型	大型	特大型
年累计用电量（kwh）	2015	目标值	1005587.15	2751994.02	11827937.75	35718316.79
		过剩值	658363.19	3220548.92	5902880.17	28219815.71
		过剩比例	39.57%	53.92%	33.29%	44.14%
	2016	目标值	1102370.81	3370388.04	12485277.24	43138356.00
		过剩值	722184.19	2984467.08	5650130.76	28222856.00
		过剩比例	39.58%	46.96%	31.16%	39.55%
	2017	目标值	1263552.10	4494766.60	12609714.24	44543338.46
		过剩值	692241.64	2586850.10	6554172.09	30530796.55
		过剩比例	35.39%	36.53%	34.20%	40.67%
年直接运行费（万元）	2015	目标值	255.28	495.35	2181.05	5193.71
		过剩值	129.13	881.76	1167.62	6017.79
		过剩比例	33.59%	64.03%	34.87%	53.68%
	2016	目标值	342.46	833.78	1785.05	4894.00
		过剩值	115.44	776.69	2020.62	5778.00
		过剩比例	25.21%	48.23%	53.09%	54.14%
	2017	目标值	316.69	735.25	2187.55	6377.30
		过剩值	171.69	946.45	1796.45	6627.70
		过剩比例	35.15%	56.28%	45.09%	50.96%

第二，产出指标的松弛变量分析。通过表 5 - 6 分析发现，污水处理企业不同类型存在产出不足的情况。在 COD 削减率，小型、中型、大型和特大型的增加值分别为 10.98、9.78、8.59 和 7.82，要想达到产出理想值，需要在当 COD 削减率的基础上分别增加比例为 12.43%、10.84%、9.4% 和 7.85%；在氨氮削减率产出指标上，小型、中型、大型和特大型增加值分别为 8.95、6.85、5.11 和 1.32，要想达到预期需要在当前氨氮削减率基础上，分别增加 9.83%、7.37%、5.41% 和 1.34% 的比例；在 BOD_5 削减率产出指标上，小型、中型、大型和特大型增加值分别为 8.4、5.75、4.4 和 3.04，要想达到预期需要在当前 BOD_5 削减率基础上，分别增加 9.18%、6.1%、4.6% 和 3.14% 的比例；在年污水处理总量产出指标上，小型、中型、大型和特大型增加值分别为 30.18 万吨、78.41 万吨、0 万吨和 639.26 万吨，要想达到预期需要在当前年污水处理总量基础上，分别增加 4.86%、3.57%、0% 和 3.57% 的比例。

表 5 – 6　　　　　　　　不同规模非有效决策单元的产出指标分析

产出指标	年份	项目	污水处理企业类型			
			小型	中型	大型	特大型
COD 削减率 （%）	2015	目标值	98.06	100	100	100
		不足值	9.88	9.19	8.5	7.05
		增加比例	11.20%	10.12%	9.29%	7.58%
	2016	目标值	100	100	100	100
		不足值	11.44	10.39	8.1	7.39
		增加比例	12.92%	11.59%	8.81%	7.98%
	2017	目标值	100	100	100	100
		不足值	11.63	9.76	9.17	7.4
		增加比例	13.16%	10.82%	10.10%	7.99%
氨氮 削减率 （%）	2015	目标值	100	100	100	100
		不足值	9.7	8.38	7.19	1.35
		增加比例	10.74%	9.15%	7.75%	1.37%
	2016	目标值	100	100	100	100
		不足值	9.4	6.5	3.98	1.56
		增加比例	10.38%	6.95%	4.14%	1.58%
	2017	目标值	100	100	100	100
		不足值	7.75	5.67	4.17	1.05
		增加比例	8.40%	6.01%	4.35%	1.06%
BOD 削减率 （%）	2015	目标值	100	100	100	100
		不足值	9.07	6	4.23	2.79
		增加比例	9.97%	6.38%	4.42%	2.87%
	2016	目标值	100	100	100	100
		不足值	8.02	5.74	4.25	3.49
		增加比例	8.72%	6.09%	4.44%	3.62%
	2017	目标值	100	100	100	100
		不足值	8.12	5.5	4.72	2.85
		增加比例	8.84%	5.82%	4.95%	2.93%

续表

产出指标	年份	项目	污水处理企业类型			
			小型	中型	大型	特大型
年污水处理总量（万吨）	2015	目标值	617.48	2348.13	6565.16	15933.77
		不足值	28.69	186.41	0	0
		增加比例	4.87%	8.62%	0.00%	0.00%
	2016	目标值	645.78	2248.14	6892.66	19815.91
		不足值	6.28	0	0	1917.78
		增加比例	0.98%	0.00%	0.00%	10.71%
	2017	目标值	691.69	2385.4	6785.67	18711.5
		不足值	55.57	48.81	0	0
		增加比例	8.74%	2.09%	0.00%	0.00%

综上所述，所有规模的污水处理企业在 COD 削减率与氨氮削减率产出指标上明显不足，需要进一步提升产出量以达到理想状态；小型与中型规模的污水处理企业在 4 个产出指标中增加比例均较大，需要增加相应产出量，以达理想状态提高其服务效率。

四、基于 Malmquist 生产指数不同规模污水处理企业服务效率分析

运用 Max DEA 8.0 软件对 2015—2017 年 81 个不同规模的污水处理企业的序列数据基于非径向和规模报酬可变的 SBM – Malmquist 模型，计算得出不同规模污水处理企业服务效率 Malmquist 生产指数的分解量，结果如表 5 – 7、图 5 – 3 所示。

表 5 – 7　　2015—2017 年污水处理企业服务效率 TFP 指数及分解

项目		effch	techch	pech	sech	tfpch
按年度划分	2015—2016 年	1.070	0.980	1.072	0.998	1.049
	2016—2017 年	0.940	1.060	0.954	0.985	0.996
	平均值	1.005	1.02	1.013	0.992	1.023
按规模划分	小型	0.981	1.010	1.000	0.981	0.990
	中型	1.047	1.012	1.022	1.025	1.057
	大型	1.041	1.071	1.044	0.974	1.115
	特大型	0.919	1.100	1	0.919	0.999
	平均值	0.997	1.048	1.0165	0.975	1.040

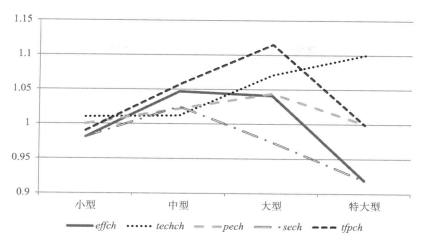

图 5 - 3　不同规模污水处理企业服务效率变动指数及分解变化趋势

全要素生产率（TFP）角度分析。从时间序列上看，2016 年出现了增长，增长率达到 4.9%；2017 年出现衰退，这是因为技术效率变化的下降所导致。从规模上看，3 年中大型、中型规模的污水处理企业都出现增长，其中大型规模增长最快，增长率达 11.5%，其次是中型规模增长率为 5.7%；小型、特大型规模均出现了衰退，这是由于技术效率变化下降。综上所述，污水处理企业的整体全要素生产率在增长，说明污水处理企业的服务效率普遍在增长。

技术效率变化（effch）角度分析。从时间序列上看，2016 年出现了增长，增长率为 7%；2017 年出现了衰退，主要是规模效率的下降所导致，说明 2017 年的整体的规模效益较差。从规模上看，3 年中大型、中型规模的污水处理出现增长，增长率均为 4%；小型、特大型规模出现衰退。进一步对技术效率变化进行分表明，纯技术效率（pech）均为 1，说明纯技术效率保持稳定；而对规模效率（sech）均在下降，说明未达到规模经济，规模经济效益下降。综上所述，技术效率变化的下降原因是规模效率低，整体规模效率普遍偏低，说明规模效率偏低主要是制约污水处理企业的服务效率。

技术变化（techch）角度分析。从时间序列上看，2017 年出现了增长，增长率为 6%；2016 出现了下降。从规模上看，所有规模的增长率均大于 1。综上所述，技术变化均大于 1 说明技术变化的快慢直接影响到全要素生产率，技术的进步可以提高污水处理企业的服务效率，提高技术水平对提高服务效率是行之有效的途径。

由上述分析可知，规模效率偏低是导致污水处理企业服务效率低下的主要因素，寻求适度规模对提高规模效益十分关键，达到规模经济可以整体提高污水处理企业的服务效率。同时，技术变化对服务效率较显著，技术的进步对提高服务效率非常有效。从图 5-3 上看，大型规模的污水处理企业全要素生产率曲线与技术变化曲线均为最大值与极大值点，说明此规模的污水处理企业服务效率最高。

五、污水处理企业服务效率影响因素分析

运用软件 Stata 14.0 基于 3 年的面板数据对 81 个污水处理企业服务效率进行 Tobit 回归，结果如表 5-8 所示。除出水执行标准对污水处理企业的服务效率无显著影响，其他 9 个因素均对污水处理企业服务效率产生影响，影响程度由高到低分别为区域产污系数 > 第三产业占比 > 设计处理能力 > 年平均负荷率 > 人均 GDP > 第二产业 > 排水管道密度 > 关键岗位持证比例 > 人口密度。

表 5-8　　　　　　污水处理企业服务效率的 Tobit 模型回归结果

	指标	系数	标准差	T检验值	P > |t|	预测方向	方向验证
内部因素	出水执行标准	0.0548	0.0349	1.57	0.118	负向	无显著影响
	设计处理能力	-0.0057 ***	0.0019	-2.90	0.004	负向	负向
	岗位持证比例	0.0012 *	0.0007	1.74	0.082	正向	正向
	负荷率	0.0040 ***	0.0010	3.94	0.000	正向	正向
外部因素	区域产污系数	-0.0875 ***	0.0192	-4.55	0.000	正向	负向
	第二产业占比	-0.0121 **	0.0054	-2.24	0.026	负向	负向
	第三产业占比	-0.0163 ***	0.0055	-2.96	0.003	负向	负向
	人均 GDP	$2.22e-06$ **	$9.29e-07$	2.39	0.018	正向	正向
	人口密度	0.0000 *	0.0000	1.82	0.069	正向	正向
	排水管道密度	-0.0101 **	0.0046	-2.16	0.032	负向	负向
	cons	1.7704 ***	0.4470	3.96	0.000		
Log likelihood				-82.390833			
LR chi2				55.91			

注：*、**、*** 分别表示在 10%、5%、1% 置信区间显著。

从地理位置上看，污染排放系数高的区域服务效率略低于污染排放系数低的区域，这与原假设不一致。主要原因是中国大部分县城采用混流排水系

统，雨水和污水分流较少。排污系数较高的区域，雨水较多，存在雨水与污水混合现象，导致进水资源中污染物浓度较低，水资源的负荷率较低。因此，有必要加强管网改造，促进雨水分流，使污水处理设施减少无用。从第三产业占比看，占比较高的区域的经济水平越发达，人员流动性越高，污水处理企业成本越高，越不利于污水处理企业的服务效率。从设计能力上看，设计能力越大其投入成本越高，企业成本效率就越低，则污水处理企业的服务效率越低。因此，选择适度的处理规模能够避免资本浪费，提高污水处理企业的服务效率。从年平均负荷率上看，负荷率越高对服务效率影响越显著，负荷率的高低与污水处理企业设备以及城市污水管道的投入密不可分，因此对污水处理设备以及排水管道的投入的规划对提高服务效率非常关键。

从经济水平与人口密度上看，人均生产总值越高，经济越发达，人口密度就越集中，污水的收集成本则就越低，越利于提高服务效率，因此需要提高经济发展水平。从第二产业占比上看，占比较高的地区其工业废水的占比越大，工业废水的处理比生活污水处理的成本更高，将污水处理企业的成本效率的影响呈负向。从排水管道密度上看，排水管道越密集，投入成本就越高，成本效率就越低，因此提前做好排水管道的规划能提高污水处理企业的服务效率。从关键岗位持证比例上看，持证比例越高，员工操作熟练程度越高，越能降低成本。

从出水执行标准上看，出水执行标准的高低对污水处理企业的服务效率未有显著的影响，高标准并不能提高污水处理企业的成本效率，因此避免盲目追求较高的出水执行标准。

第六章

国外污水治理的经验及启示

第一节　德国污水治理的经验及启示

德国位于欧洲的中心位置，是欧洲经济最强的联邦制国家之一。水在德国是公共资源，国家对水务行业（供水和污水处理）的管制主要是集体民主决策，依法治水。政府管制的权限主要分为三级，即联邦、州和乡镇。在联邦一级，主要负责法律政策的制定，负责全国的水事务，如水资源保护，联邦政府没有专门的水资源管理机构，水资源管理中职责和权限分布在各个部门。德国每个州都有自己的"水法"，与欧洲相似，主要是消减负荷、保护环境。各州和乡镇政府负责供排水服务和水环境管理，主要职责是执行联邦水法，制定和执行当地的水法，水法规定水资源必须服务于公共利益。州和地方政府认为，供水和污水的管理是相互分开的，所以水务企业相对分散。

据估计，德国共有 15000 家供水和污水处理企业提供供排水服务，95%都属于城市公共服务业。污水处理设施很完善，有 86%的管网连接到了农场，并进行严格的污水处理。德国也鼓励污水处理市场化，允许供水和污水处理私营化经营，可以进行特许，但只能允许适当的投资回报率。

市政府的职责主要是负责供水和污水处理服务，并确定合理供水和污水处理价格。供水和污水处理价格由乡镇政府、供排水企业和用户共同决定，通过协议达成一致。定价的根据是成本收回原则、平等对待原则和等价原则。污水处理费全部由排污者承担，即"谁污染，谁付费"的原则，费用由基础设施费和运行费组成，以反映总成本水平，但污水处理费中不能包含企业的盈利额。收费的对象主要是水消费群体，财政补贴很少，所以收费要包括所有的运营成本、维护成本和投资成本。收费的程序是：政府规定收费标准和规章并报当地机关批准和监督，收费是一种行政行为，需接受法律机关的监督，消费者如果对收费有不同意见，可以向当地法院提出行政诉讼。供水费和污水处理费一般都是按照用水的流量和相应的标准进行征收。

德国是欧洲污水处理率最高的国家之一，超过了92%的污水都通过管网输送到污水厂进行处理。在德国，所有污水排入水体之前，都是经过完整处理程序并达到排放标准的。

德国的环保法不断提高环境保护标准，同时供水服务和污水处理成本也在不断地提升，这也不断促使居民节约用水、水循环使用和废水再利用。德国的供水和污水处理费平均价格是全世界最高的，而且污水处理费高于供水费，这是因为德国的水环境保护标准高，当然也是因为管理效率较低。

德国在水务管理方面的主要法规是1995年制定的《联邦水法》，1996年修订。这为制定其他相关法律提供了立法框架，例如《污水处理条例》和《饮用水安全条例》等。但是德国没有专门的水务行业监管机构，监管根据职责分布在相应的职能部门，监管的决策权主要在市政公用部门，但是用水户和市民对监管政策都能积极响应。根据欧盟和德国的水法，保护水体的生态状况是水治理的重点。为减轻水体污染，严格的污水排放管理一直是德国水体治理的主要手段。一方面执行严格的行政审批和许可制度；另一方面要求污水处理厂的相应设施和程序使用最先进的技术以避免和减轻水污染。例如，德国在消减水体的总磷方面，主要是通过在处理设施上安装去磷设施和使用贫磷的清洁用品，从而使得水体的含磷量快速下降。

德国还重视对污泥生物质能源的利用，按照平均23L/人·d计算，德国城镇污水处理厂每天可产生沼气240万立方米，这一绿色生物质能源可满足很多污水处理厂能源消耗的一半。在确定污水处理厂处理能力方面，其生物处理段规模均是按照两倍的旱天污水量来确定污水处理能力的，目的是应对外来水。因此，未满负荷运作的污水处理厂具备了处理截留雨水的能力。

第二节　英国污水治理的经验及启示

英国对水务行业（包括供水和排水服务）的管制已走过了两百多年的历

程，期间经历了由私人分散经营到市政国家经营，再回到私人经营的过程，也经历了从地方分散管理到流域水务一体化管理，再到中央对水资源统一管理和水务私有化相结合的过程。特别是 20 世纪 80 年代以来，放松对水务行业的管制，引入市场竞争机制、允许参与的资本获得合理的利润，实行水务行业私有化经营，使水务行业的总体绩效明显提高。污水处理的达标率从 1990—1991 年的 90% 提高到 2004—2005 年的 98.6%。英国对水务行业的管制分三个层次：最高层次主要负责管制政策的制定，主体为环境国务大臣和威尔士国民议会；中间层主要负责管制政策的实施，主体为水务办公室、环境署和饮水监察署等，主要的职责是水权的分配、水价的制定及调整、水质安全、服务质量和普遍性问题；第三层次主要负责管制纠纷的处理。其中水务办公室是水务行业的经济监管者，主要职责是：代表政府制定水价并对水价进行定期调整；监管水务公司履行法定职责，并为其制定效率目标；监管水务公司有效运营，保持融资能力，并获得合理的资本收益率；测评服务标准，检查服务质量；调查投诉，处理争端；保护用户利益，促进行业内有效竞争。英国对水务行业的监管始终坚持立法先行的原则，制定了许多有关水资源和城市水务的法律法规，形成了完善的水务法规体系，如水资源法、水法、水务行业法、竞争法和环境法等。例如，水务行业法明确了供水和污水处理公司的权利和义务，将取水、水处理、污水收集、处理、排放或再利用等整合到同一管理框架下；明确规定了对用户权益的保护，赋予水务办公室主任更高的权力，使其介入并改善各水务公司的费率机制。

英国各部门各司其职，共同推进污水治理。其中卫生部扮演着领导角色，主要负责制定和实施应急计划，并配合各部门的法律宣传工作，培养公民对水资源的保护意识和法律意识，与其他机构相互帮助、相互配合、相互协作，充分利用水资源保护专题活动进行宣传。

英国政府对水务行业的监管主要是经济监管，其核心是价格监管。主要是采用 $PI \leqslant RPI - X$ 的方法监管供排水的价格。RPI（Retail Price Index）表示零售价格指数，X 是由价格管制者确定的表示在一定时期内生产效率增加的百分比，由于水务公司被强制要求实施大规模的资本投资机会以及符合环境管制和水质管理的要求，故价格管制以 $PI \leqslant RPI + K$ 表示，其中 $K = -X + Q$ 表示；Q 表示与环境管制有关的因素和补偿项目改进的支出。该模型最大的好处是对供水和污水处理企业的激励，不仅激励企业改善经营管理，提供自身的生产效率，还能够提高整个行业的生产效率，鼓励企业扩大投资和符合环境管制的标准，这样也相应地保障了用水户的利益，使其能尽快从水务公司的效率中获益。水务监管局主要从水务公司维持和提高服务能力、改进水质和环境、保障供求平衡等因素出发，审核水务公司的商业计划，预计其相应的运营成本、资本支出和资本回报，最终确定每家公司的价格限制水平。总体上，英国的水务价格管制符合市场经济规律。水务监管局审核水务公司的商业计划和收费方案以及每项服务的收费构成和条件，确定价格限制，而水务公司有权在价格限制的范围内制定各自的价目表，提供供水和污水处理一揽子服务，只要一揽子服务的加权平均价格不高于价格上限，水务公司可以自主提高或降低每项服务的价格。

英国污水处理费包括在水务系统服务费中。水务系统服务费分为供水服务费和污水处理服务费，其中污水处理服务费包括地表水排水费、公路排水费、生活污水费和工商业污水费。水价的制定按照公平（对各类用户既无歧视也无偏好）、成本（征收的水费应反映和覆盖供水和污水处理服务的成本）和区别性（对不同地区、不同用途和不同标准的供水和污水处理服务实行不同的费率结构和水价）三大原则为基础，基本水价按照供水和污水处理费的成本核算，然后根据投资回报率和通货膨胀率加成确定。水务监管部门实行对水价5年规划，每年可调整，并定期进行价格评审制度。价格评审制度的主要内容包括：水价随物价变化而调整；水价制度设计考虑了未来外部环境变化对企业投资和成本的影响；针对价格制定可能存在的缺陷调整进行。

英国一般按照两种方式收取供水和污水处理服务费：一是根据用户房屋财产的应税价值收费（即非读表计费）；二是根据用户的实际用水量收费（即读表计费）。非读表计费包括两部分：一部分是反映向用户提供污水处理服务的成本，即与用户有关的固定费用；另一部分是与房产应税价值有关的费用。读表计费也由两部分组成：一是固定费用，不与实际的水量挂钩的固定费用；二是计量费用，即根据用户的设计用水量收取的费用。读表计费能够把用水量和相关成本联系起来，被认为是公正的收费办法，而非读表计费与用水量无关。

英国的水价分为价格篮子和非价格篮子两部分，当然还包括弱势群体价格、管网链接费和其他费用。价格篮子是水务公司相关产品和服务的价格总称，价格篮子中包括供水服务、废水处理服务（包括地表水排水、公路排水和生活污水处理服务）和工商业污水处理服务（其污水量和浓度高于生活污水）。水务监管者通过对篮子里的所有产品和服务设定一个总的价格，限制监管水务公司的收费。在价格限制的范围内，水务公司可以自行设定一揽子服务价格，每项服务的价格可以高于或低于价格上限，但所有服务的加权平均价格增长水平不得高于价格上限。非价格篮子是水务公司为大用户提供服务时收取的价格。另外《水务业（价格）（弱势群体）监管条例》规定，在满足一定资格的条件下，读表用户能够申请按照弱势群体价格支付供水费和污水处理费。如泰晤士水务公司在2005—2006年为弱势群体提供的供水价格为145英镑/年，污水处理价格为100英镑/年；对一般用户提供的供水价格和污水处理价格为平均为150英镑/年和102英镑/年。

英国主要从农业生产和城镇生活两方面解决污水治理问题。在农业生产方面，对农民进行科普，宣传农业生产活动造成水污染的途径以及危害，并严格限制硝酸盐和磷化合物等化肥使用的时间和数量。同时，设立"环境监管项目"，项目总额21亿英镑，与农民签订协议，明确其在水体保护和防治水污染方面的责任与义务。在城镇生活方面，英国将英格兰地区划分为66个水体区域，各区域由地方政府、社区和企业共同管理，例如对居民区投入资金进行污水管道改造以降低公共水体污染；通过罚款方式惩治污染水体的行为；建立全面的监控体系以保护城市地区的河流、湖泊和海滨区域等公共水体。据调查，中国80%以上的城市河流受到污染，甚至出现季节性和常年性水体黑臭现象，主要原因是污水的直接排放，中国可以参考和借鉴英国在污水治理方面的经验。

第三节　以色列污水治理的经验及启示

以色列地处亚洲西部，国土面积为2.5万平方千米，是世界上唯一建在沙漠上的发达国家，其中面积50%以上为内盖夫沙漠，大部分领土为干旱或半干旱地区，水资源不足以满足其日益增长的需要。然而，正是这样一个水资源严重匮乏的国家，却拥有着世界上最大规模的海水淡化设施，日产淡水达100万立方米，是世界上滴灌领域的领导者，60%的农田使用滴灌技术；回收水用于农业的比率世界最高，城市污水总量的70%被回收用于农业；拥有水设备发展的前沿技术并提供多种多样的先进设备。通过加强水资源管理和高效节水措施，以色列取得了举世瞩目的节水兴国的成就。

为充分利用水资源，以色列先后制定《水法》《水测定法》《打井法》

《地方管理机构（废水）法》《河流和泉水管理机构法》《水污染防治条例》等多部法律法规，用法律的手段健全各部门职责，促使全体公民节约用水、合理利用水资源。《水法》规定以色列境内的所有水资源归国家所有。在以色列，即使土地所有权归公民个人，但该地水资源管理、使用的权限仍属于国家，其开发和利用必须着眼于满足国家经济建设和居民生活的需要。同时，以色列水管理局会同以色列环境保护部积极建设节水型社会，发布了《家庭节约用水的十项规定》《花园节约用水的十项规定》和《节约用水的建议》，大力号召全社会节约用水，以色列政府的宣传使得节水意识深入人心。

对比中国与以色列两国污水排放标准可以发现，不管是经处理后排入水体还是用于农业灌溉，以色列的标准均严于国内相应标准。1992 年，以色列卫生部制定了一项污水卫生附加标准（$BOD_5 < 20mg/L$，且 $TSS < 30mg/L$），并在 2001 年和 2010 年两次更改和提高污水处理标准。新标准规定 36 项指标，针对灌溉和入河排放也设置了相应的指标限值，其适用范围包括：（1）一般用于无限制的农业灌溉用水和国内特定地区的灌溉用水；（2）被用作受限制农业区灌溉用的小型污水处理厂出水；（3）大型污水处理厂和小型污水处理厂排放于河流的出水。

在以色列，水委员会是全国水资源管理的专门机构，其主要职责是制定水政策、发展规划、用水计划和供水配额，以及水土保护、防治污染、废水净化、海水淡化等有关水资源开发与管理的具体工作。委员会内设有一个理事会，成员中的 1/3 为政府部门指派，2/3 为各行业的用水户单位代表，该理事会的重要职责之一是每年制定分配不同用水户的用水定额。除水委员会外，以色列还有两家国有公司参与水资源管理：一是水规划公司，其主要任务就是负责全国和地区性主要水利工程和水利设施的设计；二是麦考罗特公司，负责全国输水系统正常运行和管理，保证按季节和月份配额将水及时地输送给用户，保证所有地方的正常用水，以及开发新水资源，目前年供应水量已达 16 亿立方米，占以色列全年用水量的 70%。如今，以色列水务管理局、麦考罗特国家水公司和区域供水公司三者已经构成完整的水生产、水供应和污水处理体系，共同执行以色列政府的水资源开发、供应和保护政策。

此外，以色列涉及水资源管理的部门众多，如农民的配水量和水价由农业部确定，而地方的水价由内政部确定；财政部负责对所有的水价进行审批；卫生部负责确定水质标准和污水的净化标准，以及为污水灌溉发许可证；环境部负责制定防止水污染的法规，以及为向大海排污颁发许可证。此外，其他一些机构如公共服务管理局、流域管理局也涉及水行业管理的一些方面。这些部门及工作人员相互协调，共同治水。

根据以色列 2001 年颁布的《供水和污水处理公司法》的规定，为提高用水效率并真实反映水价，以色列将隶属于政府职能的供水和污水处理职责分离，组建市政供水和污水处理公司。公司为政府所有，以企业化方式进行运营（如公司化经营），主要职责是管理供水和污水处理系统，并通过收益来维护供水和污水处理系统，由国家水务局对其统一监管。截至 2015 年，在 149 个地方当局中，共建立了 55 个市政供水与污水处理公司，还有 36 个地方当局没有相应的公司。以色列国家水务公司控制着以色列饮用水供应量的 70%，其余 30% 由农场主和市政建立的公司提供。同时，国家水务公司还承担了全国 40% 以上的污水处理和 60% 的污水回收任务。

以色列实行有偿用水制，实施用水许可证和配额制，根据用水量和水质来确定水价和供水量，用水总量越少单价越低，总量越多单价越高，以此来鼓励节约用水。政府对城镇居民用水及农民用水实施阶梯价格。农业生产用水量大，在用水额度 60% 以内水价最低，用水量超过额度 80% 以上，水价最高。城镇居民用水价比农民用水价高出许多，并且根据三种梯度价格收费，最高价格比最低价格高出近一倍。以色列政府为 4 口之家规定的每月用水额度为 30 吨，其中 16 吨以内价格最低，超过 30 吨以后价格最高。由于水泄露造成的水费损失，由地方政府承担，因此地方政府及时解决了水泄露问题，有权向用水户按照一级水价收取相应的水损失费。此外，以色列政府还按总用水量的 1/3 收取污水处理费。为鼓励再生水的使用，政府确定了低廉的再生水价格。

作为一个严重缺水的国家，以色列的污水处理与回用是其国家目标之一。早在 20 世纪 60 年代，以色列就开始建起国家水系统，将 90% 的污水汇入国家水系统，并不断完善相关处理系统，以期实现污水回用率百分之百的目标。截至 2011 年，以色列 96% 的居民都接入了污水处理系统。在以色列，污水的二级处理是以活性污泥法为主，而三级处理则包括砂滤、土壤含水层处理、人工湿地等。2005 年之后污水的三级处理率显著提高，到 2011 年已达到 49.4%，目前，以色列的污水一般都要经过三级处理才能外排和回用。

除统筹管供、海水淡化、污水处理和再利用外，以色列对水资源高效利用的方法还包括滴灌技术、供水管道监测、节水作物培育等。以管道检测为例，因供水管道破裂或阀门损坏造成漏水的现象在全球是相对普遍的，发达国家和发展中国家的平均失水量分别为总产量的 35%、15%，而麦考罗特公司所管理的供水管道失水率却低于 3%，创造了世界奇迹。

第四节　日本污水治理的经验及启示

为了解决水资源短缺和环境污染问题，满足人们生活和经济发展对水资源的需求，日本形成了自己的水资源管理体系。日本对水资源实行中央和地方两级管理，中央政府和地方政府有明确的职责分工。中央政府负责制定和实施全国性水资源政策、制定水资源开发政策和环境保护政策；地方政府在中央政策的框架下，实施负责供水系统、污水处理系统、水务机构的运营、维护和管理，对水质进行检测，对私营机构进行监督，保证污水处理达标排放。

日本在水资源管制中主要采取经济手段和行政手段。经济手段包括确定水价、提供补贴、开展水权交易、允许私人部门参与和开展特种税。采用的行政手段主要包括依法分配水权、实施环境质量标准、检测水质并公开数据、实施工业用水排放标准和对公众展开节水教育。

日本对水资源管理实施中央政府补贴政策。在水务相关的中央政府预算中，35% 用于污水处理设施建设，新的污水处理设施建设费用的 50%—55% 的资金由中央政府提供，地方政府负担 40.5% 或 45%，即政府为污水处理设施建设提供 95% 的资金支持，这些资金主要来源为国家税收、发行政府公债和政府低息贷款。其余 4.5% 或 5% 的污水处理设施建设费用由受益人支付。污水处理设施的运营和维护主要是通过水费来承担。污水处理费主要由最低收费和增容收费两部分组成。其中最低收费标准使用定额收费制，即无论用户排放污水量多大，都统一收取一笔固定的费用，而增容费则实行累进制。

为了改善水务管理，在过去的几十年里，日本建立起一套完整的法律框架体系。主要包括：水资源开发总体规划；与水资源开放相关的设施建设，包括政府补贴的建设项目；水权与水交易；水务企业的运营与管理，包括私营部门通过签订合同参与运营和管理企业；水环境保护。

森崎水回收中心是日本最大的污水处理厂，年处理污水量约为 56200 万吨，日处理污水量约为 154 万吨，负担着东京约 1/3 人口的废水。为了建立循环型社会和促进可持续发展，森崎水回收中心利用污水处理过程中对污泥和再生水的处置来获得资源和能源。"城市供热"系统正是利用废水温差来实现区域供热和制冷的。废水处理方法中产生的污泥在消化池中加热，使得污泥中的有机物变成甲烷气，减少了污泥量，过程中产生的甲烷是生物质的可再生能源，可以被用作发电设备的燃料。

日本的污水治理大致可划分为三大部分：城市化区域为下水道；城市化区域之外的农村振兴地区为农业村落排水设施；城市化区域之外的无村落地区以及下水道建设滞后的区域则使用净化槽。日本对农村污水处理工作高度重视，对于污水收集管道不健全的农村地区，并没有引进集中式污水处理系统，而是采用了低成本、高效率、分散式的污水净化槽和农村集落排水设施。为了有效指导农村污水设施建造和运行，日本政府还专门颁布了《净化槽法》，根据该标准，可以通过处理水质、处理人数、处理效率选择标准处理工艺，由此极大地推动了农村污水处理设施的低成本化研究与开发。

日本农村污水治理由行政机关、用户以及行业污水治理中介服务机构共同参与完成。作为第三方的行业中介服务机构在农村污水设施运营方面扮演着重要角色，但要求也相当严格，如行业机构和从业人员都需取得相应的资质和获取相应的专业证书等。

日本的水资源管理以水的功能为基础，水资源管理的具体行政职能分别由不同部门履行，多层次的水资源管理机构彼此协调合作，实现对水资源的科学、高效管理。为了规避多部门共同管理水资源问题的固有弊端，日本建立了一套独特的协调机构，即在国土交通省内设"水资源局"，专门负责统筹协调水资源管理事宜。在水资源流域管理过程中，流域机构必须参加国土规划或国民经济规划的过程，并针对水资源配置、利用保护等问题提出专业性的建设性意见；流域各省在制定地方法规时，必须有流域机构参加审议，并针对流域管理给出相应的建议或提议，以此来确保水资源的可持续利用。日本在农村水资源污染防治过程中，还建立了一套独特的流域检测评价体系，通过该体系，可用相对较低的成本完成河道、水库、堤坝、灌溉区等关键水利区域的信息采集、管理和发布。

第五节　美国污水治理的经验及启示

美国污水处理行业管制主要分为三个层次，即联邦、州和地方政府。美国是一个联邦制的国家，州政府与联邦政府的关系相当松散，各州有较大的自主权，所以以州为主体的管理体制是美国城市污水管理的特点之一。在联邦，负责污水处理管制的主要是美国环保署，相当于中国的环境保护总局，主要职责是制定环境规划的国家标准和法案（如《安全饮用水法案》和《清洁水法案》，对水污染、空气污染和固体废物进行监督和控制；为污水处理和清洁水工程提供资金支持。20世纪七八十年代，联邦基金为公有污水处理设施的建设提供了600多亿美元的资金，用于污水处理厂的建设、泵站的建设、污水的收集和拦截、下水道系统的维护和更新。各州设立公用事业委员会，统一对水资源在内的公用事业实施监管，州一级监管职责由于地域、人口、水资源分布和经济社会情况的不同而有较大差别。地方政府包括县级和市级政府，主要是设立地方水务管理董事会进行管理。美国的污水处理企业是公用事业中最分散的，投资也主要以市政公用为主，属于县、市和地方政府所有。例如，2000年美国环保署统计，有1600个污水处理设施为1.9亿人提供完善处理服务，占总人口的73%。污水处理设施的71%为人口少于10000的小型社区提供服务，企业拥有自己的污水处理设施，如化粪池系统等。绝大部分污水处理设施是政府所有而非私人所有。

公众参与是美国对污水处理行业监督的一种重要形式，特别是《行政诉讼法》保证了公众在政府决策中的重要作用，如严格的水价听证会制度，保障了公众的权利。为了确保地方污水处理系统能够提升水的质量，美国环保署通过许多项目来鼓励当地政府和企业改善环境。

美国是一个水资源相对丰富的国家，水资源压力比较小，与其他发达国家相比，居民支付供水和污水处理费占家庭可支配收入最低，1998年，平均每户家庭每年的污水处理费约为2000美元。2002年国会预算办公室估计水费支出占家庭可支配收入的0.5%。由于美国污水处理设施大多是市政公用事业，资金主要由储备金和财政机制为污水处理提供，所以污水处理费定价的总原则是全成本定价（包括运营维护成本和资本成本），公用污水处理企业既不盈利也不亏损，污水处理费的征收只倾向于收回实际成本和债务成本，满足资本市场上维持融资能力的需要。同时，污水处理价格保持在低水平，保护用户的利益。对私有的污水处理公司的价格主要通过投资收益率来管制，在实际的投资成本的基础上，保证投资者获得适当的投资回报率，通常称为投资回报率管制。污水处理费的定价方法主要是服务成本定价法，一般按照单个工程定价。公共事业委员会负责价格的审批和监管，实行成本监控和价格审核一体化管理，能够较好地实现约束成本和合理定价的管制目标。污水处理费定价的程序包括：提出申请、抗议和申辩、调查、召开听证会、做出决定。

在美国，向用户制定的污水处理费体系，不同的污水处理公司实行的污水处理费结构不同，具体的形式有：固定费用、固定费用加税、固定费用加流量费用、固定费用加税再加流量费用等。除极少数地区采用固定费率结构外，大部分地区实行两部制污水处理费，即向居民收取的污水处理费主要是由固定费用和流量费用组成，固定费用是不变的，主要是保证污水处理企业稳定的、可预测的收益，收回企业的固定成本；流量费用是利用实际用水量的多少收费，用于收回企业的运行成本。

美国是较早进行依法治水和依法管水的国家之一，其污水处理法律法规体系比较完善。目前，美国 95% 的人口都居住在人口规模 50000 万以上的城镇中，乡村和城市在污水处理中采用同一套法律体系，相关法律主要包括《清洁水法》《海岸带法修正》《安全饮用水法》和《水质量法》等，与上述法律相关的计划和项目主要包括：非点源管理计划、水质标准项目、最大日负荷总量计划、水资源保护计划和国家污染排放削减系统计划等。特别值得一提的是，1972 年出台的《清洁水法案》是当时所有联邦水法中最严格的一部法律，这部法律将水质监控的主要职责从州政府转移到联邦政府，建立了第一批国家水质目标，要求点源排放污染物，尤其是来自工业设施和共有污水处理厂的污染物，必须获得美国污染物排放消除系统的许可。零排放目标、适合钓鱼游泳目标和有毒物质名录无毒目标是《清洁水法案》最重要的三个目标，而且在 1987 年修订的法案中授权环保局为各州分配清洁水周转基金，为市政污水处理设施工程提供资金。

污水分散处理系统是美国污水处理非常重要的一个组成部分，适用于农村地区或者低密度人口区和少于 1 万人的小型社区。美国的城镇化率高，农、林、渔业人口只占美国总人口约 0.7%，农村较少，分散的小型社区很多，如今在美国约有 25% 的人口和超过 1/3 的新建社区采用分散处理系统，污水处理量约占美国废水总量的 10%，为美国农村水污染治理和水环境质量改善发挥了重要作用。

同时，为了加强对分散式污水处理系统的运行、维护和有效管理，2003年美国环保局发布了《分散式污水处理系统管理指南》，提出了五种运行模式，即业主自主模式、维护合同模式、运行许可模式、集中运行模式和集中运营模式。五种运营维护模式根据所在地区的环境敏感度，逐步增加管理内容和提高管理程度，并由政府根据不同模式提供相应的配套资金和管理计划。由于各州立法和组织机构的不同，管理能力、管辖范围和当地政府管理分散式污水系统权利也不尽相同，通常是根据当地政府的能力和管辖的环境来确定其最终的职责。美国的州还可以根据需要设置特殊管理实体（Special - purpose districts and public utilities），负责实施某一区域（社区、县甚至全州）的分散污水治理。一些从事分散性服务的公营机构，如美国的乡村供电公司常常参与分散污水治理的运营工作，公用的身份让他们在从事这项工作时拥有某种优势。

民间非盈利机构（Private sector management entities）是另一个确保分散式系统有效实施的组成部分。管理部门可以同具有资质的民间管理实体签订合同，委托他们完成分散系统规划、评估、技术咨询或培训等工作。私人营利性质的实体主要提供管理服务，这些实体通常由州公共事业委员会（the state public utility commission）监管，以确保其能长期以合理价格提供服务，通过签订服务协议来保证私人组织的财务安全、保质保量的服务和对客户长期负责。

在执法机构上，美国环保执法的中心机构是美国联邦环境保护局，拥有优先权和最终裁决权，同时组建环境执法与守法保障司（OECA）；在资金支持上，美国每年用于环境执法的预算金额占总预算的5%以上；在执法方式上，一方面通过行政处罚等强制执法手段打击环境污染；另一方面通过资金补助、技术支持、守法教育等守法援助项目和税收减免等行政奖励为主要手段，提高市场参与主体的守法意识；在制度建设上，主要有联邦主导的水污染治理制度、NPDES许可证制度和公众参与制度。首先，根据美国宪法，联邦政府制定了水资源管理的总体政策和法规，拥有水污染防治的主导地位，每个州政府根据自身实际情况，制定相关具体实施细则。其次，《清洁水法》第402条规定了国家污染物排放去除系统（NPDES）许可证制度，这是美国水污染防治法的基础和核心，该系统主要规定，任何排放污染物进入美国水域的人或企业必须获得国家污染物排放去除系统的许可证。

美国联邦政府和州政府在农村环境污染治理方面分工合作。美国联邦政府主要围绕《清洁水质法案》，通过一系列技术手段和绩效标准的控制手段来对点源污染进行处理；州政府则是通过激励手段来对非点源污染进行控制。除了在法律法规方面对水污染的防治外，美国还积极进行环保教育，激励农民参与环保。为此，美国专门颁布了《公众参与政策》法律，规定所有环保项目必须在有公众参与的前提下进行，政府部门也必须及时发布有关环保的信息，且环保部门应该及时地采纳社会各界的合理意见与建议，并给予相应反馈。而且，很早以前，美国就提出了改善环境需要加强环保教育的理念，并将该理念写入了法律之中。政府设立有关环保教育的奖金，用于鼓励大学生或教师从事环保教育相关的工作。为了把环境保护教育融入个人的生活中，环保教育从小学开始持续到高等教育，组成了一张以学校、家庭、社会三者努力协作的环保教育网。

第六节 法国污水治理的经验及启示

在法国，水被视为国家资源，水务基础设施无论是何人所建，均归国家所有。国家对水务行业的监管实行"国家——流域——地区——地方"四层监管体制，并有效地接受公众的监督。国家对水资源管理的主要机构是水资源委员会，主要职责是确定国家水政策，取水排污授权和水质管理方面的协调工作，起草和批准水资源法、规章或白皮书。流域级的管制机构为流域委员会和流域水资源管理局，主要职责是制定和发布水务管理政策，为水务费用征收和水法规贯彻实施等提供咨询，并负责水务行业融资。地区级的管制机构是地方水委员会，主要职责是起草、修正流域内的开发和管理方案等。地方的管制主要是市镇水务委员会，主要职责是组织生活用水供应及污水处理；筹集资金、决定投资和工程的管理方式和水价；通过招标方式选择施工单位，确定工程服务范围。法国这种严密、自上而下的分级管理，既体现出监管的全局性和系统性，又为各层次用户参与公共管理创造了条件。

法国对水务行业的经济监管主要体现在市场准入和水价监管。市场准入的监管主要是采用委托经营的模式，即地方政府通过招标选择报价最低的私营企业作为水务服务的经营者；政府与中标私人企业之间的关系以委托合同进行约定，合同中明确规定委托企业在约定期限内的特许权，并在利益平等的条件下规定双方的权利和义务；公用事业管理部门不干涉企业的日常管理；地方政府具有对合同执行情况的监督权；私营企业的行政和财务都要接受司法机构的监督；特许经营期满后，所有设备归属国家。委托经营分为特许经营、承租经营、法人经营和代理经营等。委托经营的实质是国家公共财产归私营企业管理，国家和私营企业之间是一种合同关系。

法国对水资源拥有专营权，由地方当局具体负责饮用水水质、污水处理和污染控制。地方当局可以自行管理水务基础设施，也可以委托私人公司管理。目前，法国约有 30000 个供排水处理系统，每个系统服务用户的数量从几百到几百万个不等。在法国自来水输配和污水收集和处理，隶属于单一城镇和多个城镇联合的机构管理。

法国水务行业的法规比较健全，主要包括《水法》《污染治理法》《市镇废水处理指令》《萨班法》《独立净化污水条例》《公共服务管理与委托法》和《公共服务委托法》等，形成了一个完整的水资源管理法律体系。

自 20 世纪 70 年代，法国开始进行大规模的水污染防治工作，针对城市污染水造成的水污染问题采取了一系列措施：征收排污费；提供防止水污染的技术和资金援助；改进工艺、推广无废工艺、建设废水；改进公共污水处理技术、增加污水净化设施、改进污水管网等。到 1995 年法国已有 85% 的家庭住宅与下水道及污水处理系统连接，85% 的生活污水经过处理后进一步治理水源污染，法国政府要求所有市镇在 2005 年以前建立起符合欧盟标准的污水处理系统。现在法国超过 20000 人以上的市镇都建设有集中式污水处理厂，城市的污水处理率已经达到 95% 以上，法国共有 11992 个污水雨水收集处理管理机构。

法国的水价制定的原则是成本补偿原则（即水价需覆盖供水和污水处理服务所需的成本）和排污者付费和治污者补偿原则，用户水价汇总包含水费和水税两个部分，其中水费包括供水费和污水处理费，污水处理费主要包括污水净化处理及下水道设施维护费，投资兴建新污水处理厂及相关基础设施费用和服务费；水税主要包括取水税、污染税和国家供水系统开发基金、增值税等。法国对用水实行"谁污染，谁付费"的政策，对工农业用水，流域管理局完全根据废水排放量及污染程度收取费用；达到排放标准可以不付费；对于家庭用水，则在水费中增加污水处理费、水资源保护费等相关收费项目，比重呈现增长趋势，且污水处理费的增长速度高于供水费的增长速度。

法国政府根据水务系统实际发生的折旧费、运营费、用户管理费、税收等各项费用计算基本水价，并根据水质状况、人口密度和用户弹性变化、供水成本、水污染程度和污水处理成本变动情况，进行水价的调整。水费收取的形式多样，有直接收取、委托收取和混合收取等方式。水费的收取标准也不相同，例如，南部水资源缺乏，制水成本高，水费就高；北部水资源充足，制水成本低，水费就低。不同城市、不同地区、不同用户之间的水价差别较大。

第七节 印度污水治理的经验及启示

印度是个水资源短缺的国家，涉及水资源管理的行政机构主要有国家水资源委员会、中央水委员会、水资源部、农业部、中央水污染防治与控制局、联邦防洪局。据印度宪法规定，水资源、灌溉由各邦管理，不同邦有不同的规定。中央政府在水电和航运上起主导作用，负责调整邦际河流的流域开发，但在灌溉方面权力有限。

印度《国家水政策》对用水优先权做出规定，从高到低依次为：生活用水、工业用水、农业用水和水力发电。在执行的过程中各邦往往根据自身的实际情况做出相应的调整，这主要是由于印度的水资源管理实际上是由各邦负责和承担的。

印度的水价分为非农业水价和农业水价。非农业用水中的商业和工业用水，采用服务成本定价模式，家庭用水和农业灌溉水价采用用户承受能力定价模式；农业灌溉水价的制定和征收由各邦政府负责，灌溉水费与灌溉工程的运行维护费用之间没有直接联系。印度的农业用水成本主要由两大部分组成：（1）水利设施的运营和维修成本；（2）水利设施的部分投资成本。同时，印度法律也规定水费不得超过农民净收入的50%，一般控制在5%—12%。农业水费以作物面积以及作物种类为基础进行征收，对不同作物征收不同的水价，以此为基础，再依据作物面积来征收水费。但是，由于计量设施的不完善，印度农业水费的征收基本上没有明确按用水量进行计算，而是以作物种类粗略估算灌溉水量。

印度中央污染控制委员会2021年3月的数据显示，印度城市地区每天产生的污水超过72亿升，但综合污水处理能力略低于每天32亿升，不到总量的一半。其合作机构美国国际开发署（USAID）在阿格拉地区就开发了一套适用于当地的污水处理系统，以减少污水传播疾病和污染河流。如今，USAID已经将其运营工作交付给当地的市政公司，印度不少地方也开始学习这种模式。该污水处理厂由公共卫生专家设计，于2011年完工，初始投资、能耗和维护成本都比较低，整个处理过程也没有使用会对环境造成污染的化学用品，而是用一种自然的方法来处理污水。

第八节　澳大利亚污水治理的经验及启示

澳大利亚是一个国土面积较大而人口相对较少的城市化程度较高的国家，80%的人口居住在城市。澳大利亚气候干燥，1/3的面积是沙漠。随着人口的增长，水资源日益缺乏，水资源保护已经成为影响澳大利亚经济和社会发展的焦点问题。

澳大利亚的水资源管理责任都在州政府，水和污水处理也都由行政区域的州管辖，涉及水供应和污水处理设施的公共事业单位在澳大利亚最多，大部分都是属于州和地方政府所有，私人参与得很少，这导致澳大利亚的供水和污水处理设施的运行效率很低。在1995年澳大利亚对供水和污水处理领域进行了改革。这些改革包括水价、水权及其交易、环境安全、机构改革、公共咨询和教育研究，而且州政府鼓励私人参与供水和污水处理业务，确保国有企业和私人企业之间的公平竞争，这为私人企业进入水务领域提供了大量的机会。水价改革主要目标是定价采用全成本收回的定价方式，取消政府补贴，成本须透明。定价由独立机构采用民主和透明度的方式做出决策。改革的结果是水价明显下降，透明度增强，虽然城乡之间、居民和商业的交叉补贴依然存在。

在南澳，整个供排水的企业主要由南澳水管理有限公司管理，该公司作为一个整体对南澳政府负责。南澳政府的环境事业部直接管理南澳水管理有限公司，环境事业部负责受理水管理有限公司提高水价的申请，并要求提出正当的理由。环境事业部可以听取竞争委员会的建议，并报内阁决定。水价的计算必须考虑适当商业服务的目标成本为基础，这也包括州政府直接投资利息回报的增加，因为水资源管理公司的投资主要来源于州政府，政府的投资利息也能促使水费的增长。同时，州政府也有责任确保水管理公司的投资对公众造成不合理的负担。服务成本不考虑通货膨胀因素。水费价格的决策也由来自公共健康委员会，要求通过提高生产率来降低基础服务价格的压力，这主要是因为国家竞争政策要求而必须通过竞争来降低运行成本。

水价设置要基于市政府行政操作的有效性。政府在于水管理公司的合同中明确规定了水价的固定费用和变动费用。这些费用每5年根据生产率的情况调整一次，对居民的水费是基于计量而收取固定费用和变动费用，污水处理费和水费在同一张账单上。例如，在悉尼，对家庭用户，每季度支付固定的水费 18.75 澳元，变动费用为按流量每立方 0.9422 澳元，生活排污费和雨水处理费对按每季度固定费用收取，分别为 82.09 澳元和 5.25 澳元。假如每季度用 20 立方米水则共需要缴纳 163.3 澳元的水费（见表 6-1）。

表 6-1　　　　　　　　　　　　悉尼的水费结构表

季度服务费	供水费	污水处理费	雨水排泄费
1. 居民用户			
固定费用	18.75	82.09	5.25[①]
水表量度最低费	77.61	82.09	5.25
单位费用[②]	见③（使用费）	82.09	5.25
2. 非居民户			
（a）固定费用	18.75	77.50	15.30
（b）加供排水量	见表 6-2	见表 6-2	
（c）加超过评估资产[③]	0.0000	0.0953	0.1678
3. 使用费（每立方米）			
供水	0.9422		
污水（非居民户）		1.0907	

注：①即使没有用水也要交雨水排水费；②单位费用是根据管网的流量计量的；③超过评估资产，是指每年评估超过 2500 澳元的资产价值。

资料来源：根据亚洲开发银行网站整理。

表 6-2　　　　　　　　　　非居民用户季度费用表　　　　　　　　单位：澳元

用水量	供水费	污水处理费
基本费	18.75	77.50
20	18.75	77.50
25	29.30	128.27
30	42.19	184.72
32	48.00	210.17
40	75.00	328.39
50	117.19	513.11
80	300.00	1313.58

续表

用水量	供水费	污水处理费
100	468.75	2052.47
150	1054.69	4618.09
200	1875.00	8209.93
用水量	供水费	污水处理费
250	2929.69	12826.56
300	4218.75	18470.25

资料来源：根据亚洲开发银行网站整理。

　　水管理公司在确定水费目标的时候也是以成本收回为原则，这包括了所有的运行成本、水处理设施生命周期内的投资成本和投资生命周期内的投资回报率，投资回报率一般为投资成本的7%。关于全成本收回是否包括环境成本和社会成本在南澳还是存在争论的问题，但随着对环境的重视，全成本的概念中将包括环境成本和社会成本。

　　在南澳，居民没有直接参与水的管制，他们也不能通过申诉反对水价的增长，当然他们可以向调查政府官员舞弊行为的官员提出问题来要求政府提供好的公共服务。南澳对水管理公司实行直接的管制，这是基于商业和民生直接平衡的考虑。政府也考虑为穷人减免水费，如悉尼，每年符合条件的家庭可以获得320澳元的水费折扣，享受折扣的人主要包括残疾人和因战争而失去亲人的妇女，享受折扣的这些人需要经过政府的审查批准。

第九节　新加坡污水治理的经验及启示

　　新加坡是一个占地660平方千米拥有410万人口的城市化国家。同时也是水资源十分短缺的国家，水资源总量为6亿立方米，人均水资源量仅211立方米，排名世界倒数第二。目前，新加坡有超过50%的供水通过邻国进口。新加坡公共事业局是国家水务管理机构，负责新加坡自来水供应、污水收集和处理系统的事务，公共事业局工作的主要目标是以最经济的成本保证新加坡的居民和生产用水，保证经济的稳定和繁荣。新加坡每天需要1.25万立方米的用水量。公共事业局下的水务署具体负责水资源管理，水务署共1800名员工，负责管理14个蓄水池供水系统和9个污水处理厂，以及4500多公里的输配水管网系统。新加坡有完善的雨水和污水收集管网系统，并且和污水处理厂连接，污水处理也有足够的能力处理污水。生活污水主要是来自家庭做饭洗衣等活动，也有来自餐厅、宾馆和商场的污水。商业污水的排放主要来自制造业，对商业污水排放新加坡有明确的规定。

　　新加坡的水价中包括供水费、水保护费、污水处理费和卫生装置费。水价政策具有以下特点：（1）水价须保证每年水销售收入能够支持水务系统的所有费用（包括日常开支、折旧、利息和一定合理比例的水设施开发费用）；（2）水价必须能够支持一个可以接受的固定资产回报率；（3）水价须反映一定的社会目标（如规定对每月 40 立方米以下的生活用水实行较低的价格）；（4）水价也需明确反映水的供求关系。在新加坡水被认为是一种经济商品，而且所有用水户都必须按用量计费。新加坡是水供应系统效率和水价机制实施最好的国家之一。

　　新加坡的供水费和污水处理费全部由用户承担，供水和污水处理费由公共事业局统一开票统一征收，水费和污水处理费的征收标准主要依据水消费量和不同的客户类型（见表 6-3）。对居民用水，用水量每月在 40 立方米以内，供水费为每立方米 1.17 新元，水保护税为供水费的 30%，污水处理费为每立方米用水量 0.30 新元；每月用水量超过 40 立方米，供水费为 1.40 新元，水保护税按照供水费的 45% 比例征收，污水处理费为 0.30 元；非居民用水供水费按照每立方米 1.17 新元的标准，水保护费为供水费的 30%，污水处理费为每立方米 0.60 新元；运输用水为每立方米 1.92 新元，水保护税按照供水费的 30% 征收，不征收污水处理费；对居民和非居民用户，每个月每个设施需要缴纳 3 新元的卫生装置费。

表 6-3　　　　　　　　　　新加坡的水费类型

水费类型		消费量 （立方米/月）	供水费 （新元/立方米）	水保护税 （供水费百分比）	污水处理费 （新元/立方米）	卫生装置费
民用		1—40	1.17	30	0.30	每个月每个 设施 3 新元
		>40	1.40	45	0.30	
非民用		所有情况	1.17	30	0.60	
运输		所有情况	1.92	30	—	—

资料来源：根据亚洲开发银行网站整理。

　　对于商业排放的污水须达到一定的标准才能排入生活污水收集管网（见

表6-4），如果超过标准需要按照BOD①和TSS②浓度的高低收费，浓度越高，费用标准越高（见表6-5）。商业污水BOD或TSS浓度超过4000毫克/升，必须经过处理才能排入公共下水道。

表6-4　　　　　商业污水排入公共污水收集管网的限制标准

分解项目	单位为每升所占的毫克（毫克/升）		
	公共下水道	河道	受控河道
生化需氧量（5天20度）	400	50	20
化学需氧量	600	100	60
总悬浮固体量	400	50	30

资料来源：根据亚洲开发银行网站整理。

表6-5　　　　　　　新加坡商业水费价目表

浓度（毫克/升）	每立方米费用标准	
	BOD	TSS
400—600	0.21	0.15
601—800	0.42	0.30
801—1000	0.63	0.45
1001—1200	0.84	0.60
1201—1400	1.05	0.75
1401—1600	1.26	0.90
1601—1800	1.47	1.05
1801—2000	1.68	1.20
2001—2200	1.89	1.35
2201—2400	2.10	1.50
2401—2600	2.31	1.65
2601—2800	2.52	1.80
2801—3000	2.73	1.95
3001—3200	2.94	2.10
3201—3400	3.15	2.25
3401—3600	3.36	2.40

资料来源：根据亚洲开发银行网站整理。

---

① BOD为5天20度下的生化需氧量。
② TSS为总悬浮固体量。

水在新加坡是公共财产，国家有一套非常完整的法律体系，并严格执行以防止水污染，保护水资源。具体的法规有：《环境污染控制法》对污水和废水排放的污染建立了明确的指标限制，如温度、BOD、COD、PH 值、TSS 和 28 种化学品；《废水和排水系统法》明确规定了公共事业局和排水系统的有关责任；还有《环境公共健康条例》《公共设施条例》等条例来规范水资源管理。对超标排放的污水采用罚款的手段，如第一次超排的最大罚款为 5 万新元，第二次或多次超排每次最高罚款为 10 万新元。同时，新加坡供水和污水处理服务方面充分考虑低收入家庭，保证低收入家庭的用水，主要是采用政府对低收入家庭的补贴。主要有两种形式：一是给予一定的折扣；二是政府转移支付。

第十节　经验总结

国外经过多年的探索和实践，开展了很多工作，积累了不少经验，已经形成比较完善的污水治理体系，但并不存在一种广泛适用的污水处理模式，中国可以结合自身的特点，选择和使用相契合的污水处理模式，为中国实施水资源管理积累宝贵经验，主要体现在以下几个方面：

（1）完善水资源法律保护制度。无论是德国、英国、以色列、日本，还是美国、法国、印度，都高度重视水资源配置、节约与保护，并出台多部法律加强监管，其中以色列的《水法》特别对水资源有偿使用制度、补偿基金和征税标准等提出明确规定。正是一系列法律的刚性约束，保障了各国污水治理后续政策措施的规范化、条理化和高效化。涉水法律框架具有高度的整体性和一致性，使得各类政策中的取水许可、水资源税、供水分配、水价等规定标准一致、衔接有序。这方面的经验值得中国在推动水资源税费改革和制度顶层设计时加以借鉴。只有进一步建立健全与完善水资源方面的法律法规，才能有效管理和保护水资源。

（2）积极采取污水处理与回用措施。以色列的污水回收率高达 75%，居世界第一，农业和工业生产用水大多取自回收利用的污水，100% 的生活污水和 72% 的市政污水得到了二次利用。20 世纪 90 年代开始，以色列国家水务公司与膜供应商合作，研发集成膜处理系统，对市政和工业污水进行脱盐处理，推动了污水淡化的发展，不仅从根本上解决了污水灌溉带来的土壤盐化问题，也解决了地下水盐度升高的问题。在中国水资源短缺的干旱和半干旱地区，结合土壤含水层处理处置技术，对污水资源进行淡化，用于农业灌溉，不仅能够解决污水对环境带来的污染问题，而且在一定程度上可以缓解土地盐碱化问题。

学习德国的污泥处置和利用技术，德国重视对污泥生物质能源的利用，按照平均 23L/人·天计算，德国城镇污水处理厂每天可产生沼气 240 万立方米，这一绿色生物质能源足以满足很多污水处理厂能源消耗的一半。在确定污水处理厂处理能力方面，其生物处理段规模均是按照两倍的旱天污水量来确定污水处理能力的，目的是应对外来水。因此，未满负荷运作的污水处理厂具备了处理截留雨水的能力。中国可以充分学习，解决城市内涝问题。

日本也更重视能源回收和生态保护。他们将水厂的空地用于建造生态公园，将一些设施建于地下，有效地利用土地资源，尽可能利用废水处理中产生的沼气、热能，回收电力，减少二次污染的同时还能够对外出售创造利润。为此，我们可以借鉴日本在根治排污的基础上辅以生物、生态等措施，提高水体水质，对污水进行深度处理，例如在公共设施和家庭建立处理水的回用系统，利用中水冲洗马桶、洗车、绿化浇水等，以节约宝贵的饮用水源。

蚯蚓生态滤池是最近几年在法国发展起来的，是利用蚯蚓对有机物的吞食功能，对土壤渗透性的提升和蚯蚓与微生物的协同作用，而设计出的污水处理技术，具有高效去污能力，同时还能降低剩余污泥量。蚯蚓生态滤池处理系统同时集初沉池、曝气池、二沉池、污泥回流设备以及曝气设备等于一体，大幅度简化了污水处理流程，具有抗冲击负荷强，运行管理简便，不易堵塞等优势。

（3）建立生活污水处理排放标准。日本城市化进程较其他发达国家晚，农村生活污水治理面临村庄建设、环境整治、生态保护等多重需求。日本在乡村污水处理法律法规体系方面，不像美国采取了城乡污水处理都在同一套法律体系下的方式，而是有专门针对乡村地区的不同于城市的法律制度框架，城市采用的是《下水道法》，而乡村地区采用《净化槽法》。中国城市污水治理标准体系已经相对成熟，而农村污水治理才刚刚起步，尽管近年来发展迅速，但仍存在许多诟病，而标准体系的不完善是其中的核心问题。过去农村地区大多照搬城市的高标准，导致污水处理出水水质"不达标"，农村与城市污水处理的特点也存在很大不同，应该城乡有别，具体问题具体分析。中国在农村污水处理排放标准方面已经出台了一些文件，例如 2018 年 9 月，生态环境部、住建部联合发布《关于加快制定地方农村生活污水处理排放标准的通知》；2019 年年初，住建部发布了国家《农村生活污水处理工程技术标准》，但是中国农村污水治理进程仍有很长的路要走。

美国、日本部分农村分散居住，管网不健全，则主要以分散式处理系统为主。中国经济社会总体还处在发展阶段，考虑到建设成本和后期运营维护费用，建议结合不同农村地区人口、用地、水环境等特征，按照因地制宜、经济高效的原则合理选取农村污水处理方式。针对中国分散式污水的现状，如何根据各地区村镇环境状况、生活习惯和经济条件等差异，因地制宜地做好分散污水处理，发达国家的经验值得我们借鉴，结合国情发展适宜的农村污水治理技术，我们才能建设真正的美丽乡村、美丽中国。

（4）加大科研合作力度。以色列运用市场化手段，通过各类技术革新，形成了以科技为支撑的良好商业生态系统和运营模式，有效缓解了污水对河流和其他水体的污染压力。建议中国加大对科研成果和创新推进方面的政策和资金支持，依托"水专项"等重大科研专项，从关键问题出发，加大对"水十条"重点任务项目落实的科研支持力度。以色列污水处理与回收技术居于世界领先地位，突破性废水处理解决方案包括激光分析仪、吸污扫描技术、电池技术（从废水处理中直接生产电力）、微生物燃料、污水循环再利用系统、附着生长气升式反应器（AGAR）技术等。中国可以与以色列国家水务公司合作，学习先进的污水处理和回收技术以及强大的研究开发能力；通过技术转让合作，与愿意通过技术转让获益的公司合作。

（5）培养全民节水意识。以色列人均水资源占有量不到 300 立方米，仅为联合国规定的人均年供水量的 1/3。然而面对水资源极度匮乏的现实，以色列最大限度地利用了水资源，成为当今世界发展节水农业技术最有成效的国家之一。一方面积极制定和完善水资源管理的相关政策，在全国实行用水许可证、配额制和有偿用水，严格控制资源利用方式，使得废水利用率高达 75%，是世界水资源回收利用率最高的国家；另一方面广泛开展节水教育宣传，培养全民节水意识并处处体现节水，不仅无大水漫灌的现象，甚至连空调滴出来的水都利用来浇花。美国也提出了加强环保教育的理念以改善环境，可以说，面对中国水土资源状况，同时要解决为 14 亿国人提供优质安全农产品，亟需保护水土资源数量和质量，提升水土资源质量，培养全民节约意识，实现绿色发展。实践中，我们应尤其注重加强公民环保意识的培育，要建立健全公民环保意识培育机制，大力提升培育手段的科学化、现代化水平，不断拓宽培育渠道，从而真正提高民众的环保意识，从意识里、源头上推进污水处理。

（6）提高公众参与度。法国水定价及供水模式的成功之处在于充分保障公众有序参与水价制定。法国水价的制定需要多方面协商和民主对话，由市镇政府召集投资公司代表、用户代表和供水单位代表召开水价听证会，听证会中各方的利益往往是相互冲突的，用户对水价过高或价格上涨过快，以及水质安全问题反映强烈；供水单位要求收支平衡并能够给企业带来一定利润；投资者要考虑如何通过收费以及收回投资本息；政府则需要权衡财政支出、通货膨胀水平和社会承受能力、给排水系统的可持续经营等因素。这种民主协商的方法，使各方相互制衡，所制定的水价既保证了供水企业在成本回收的基础上能有部分盈余，也保证了水价不会过高和过快上涨。现如今，中国也有了水价听证会，接下来需要进一步扩大公众参与度，使水价的制定更能实现用户的诉求。

第七章

主要结论及政策建议

第一节　主要结论

一、污水治理处理成本倒挂现象依然严重

污水处理成本与收费价格倒挂造成亏损。一是污水处理费现行价格明显偏低，不足以覆盖运行成本，污水处理费调价程序及过程非常困难。二是物价上涨、人工、能源成本增加，国家对污水收集、输送、处理及污泥处置要求不断提高，污水设施运行及处理成本水涨船高，造成污水处理行业生产成本不断增加。三是财政补贴不到位，因地方财政困难，补贴额度越来越少，财政部门的补贴也不能完全兜底。实施财政补贴无法可依，无章可循，一般视地方财政状况的好与差和接受补贴方争取程度而定，既不规范，也不统一。四是产品价格与价值严重背离，污水处理产品的价格，主要靠政府主导的价格调整听证会来实现的。定价标准不统一，如居民收费标准，有的地方按每户每月定价，有的地方按每人每月定价，有的地方依据用水吨位计价，有的地方按污水处理吨位定价，形成了价格乱象，也妨碍了价格的可比性。有的产品在同一省区的不同城市，经济环境相差无几，但价格差别却很大。

二、投资成本较大，资金短缺

污水处理设施投入的资金庞大，主要靠向商业银行贷款、企业自行筹措，

政府的扶持补助资金有限，造成企业资产负债率居高不下，污水企业偿债压力大，财务费用高。企业的融资能力在逐步减弱，征收的污水处理费等也只能勉强维持运营成本，建设费用较难筹集。政府购买服务范围空间有限，政府向社会转移职能缓慢。资金瓶颈影响了污水管网设施的建设和运营。城市（县城、镇）污水处理基础设施差异化大。一是污水处理基础设施依然不足，投资需求巨大。二是部分污水处理厂规模偏小、技术力量弱，对社会资本和企业吸引力不足。三是重点镇普遍没有执行污水处理收费政策，缺少运行经费，部分重点镇无资金开展污水收集处理设施建设工作。四是污水管网不完善，甚至部分建成区存在生活污水直排口，产生的生活污水直接排入河道、湖泊等。

三、污水处理行业管理有待进一步提高

内控管理还没有十分到位，行业管理还需要有一定的管理手段，管理体制还不完善，缺少绩效目标责任制，企业竞争优势没有充分发挥。企业经营情况差异大，相比大型污水处理企业，中小企业在经营管理等方面还存在一定的优化空间，资产周转率低下，运营成本较高，企业销售能力不强，劳动效率还较低，企业资源没有充分利用，控制成本费用的手段缺乏，融资能力较弱，融资渠道相对狭窄。还需国家的投入和支持，需要坚持继续推进市政公用行业的改革，加大绩效管理，加快建立科学高效的企业管理制度，提高企业的竞争能力。污水处理企业的再生水利用率普遍不高。企业再生水回用利用收益差异化。一是部分城市再生水利用设施管网等还不健全，使用中水积极性不高，再生水回用率低。二是大部分企业出厂水质为一级 A 标准，只能用于绿化浇灌、景观、工业等，再生水回用用途有限。三是部分企业再生水利用价格优势和市场空间小。四是部分地方存在少量自备井，产生的污水监管有一定空白区，收费难度大，污水处理费收缴率还有一定提高空间。

四、适宜规模是污水处理企业成本管理水平的重要因素

通过因子分析方法对不同规模的污水处理企业进行分析，综合得分越高，表示污水处理企业成本管理控制情况越好。小型污水处理企业成本管理控制情况不理想，原因在于污水处理行业属于自然垄断行业，前期投资建设成本

大，进入壁垒相对较高，小型污水处理企业由于其负荷能力有限，无法大规模进行污水处理，难以形成规模效益。中型污水处理企业成本管理控制得分均值最高，为 0.2750，表明此时存在适度规模。大型污水处理企业均值为 0.0667，综合得分小于中型污水处理企业，大于小型污水处理企业，成本控制带来的规模效益不明显，可能原因在于大型污水处理企业投资大、建设时间长、管网不配套等，使得能耗、设备和构筑物等并没有过多节省，只有规模大到一定程度才能再次实现规模效益，显著大于中型污水处理企业的综合得分。污水处理企业的日污水处理量在（10—40）×104 立方米时达到适宜规模水平。随着污水处理量的提高，污水处理厂的成本管理控制效果不断提升，此时两者呈现出正相关关系，当日污水处理量达到一定的规模时［即（10—40）×104 立方米时］，成本管理控制情况最好，之后引入服务效率进行验证，当污水处理企业处于大型时，衡量服务效率的综合效率、纯技术效率和全要素生产率都已达到最高水平，其服务效率已达到最大值，即污水处理企业在这一规模下，以最小的投入达到最大产出。

五、规模效率偏低是导致污水处理企业服务效率低下的主要因素

寻求适度规模对提高规模效益十分关键，达到规模经济可以整体提高污水处理企业的服务效率。同时，技术变化对服务效率影响较显著，技术的进步对提高服务效率非常有效。通过对污水处理企业服务效率影响因素分析，影响程度由高到低分别为：区域产污系数＞第三产业占比＞设计处理能力＞年平均负荷率＞人均 GDP＞第二产业＞排水管道密度＞关键岗位持证比例＞人口密度。对区域产污系数高的加强管网改造，促进雨水分流，使污水处理设施减少无用。经济水平越发达的地区，人员流动性越高，污水处理企业成本越高，越不利于污水处理企业的服务效率。选择适度的处理规模能够避免资本浪费，提高污水处理企业的服务效率。提高污水处理设备以及排水管道的投入的规划对提高服务效率非常关键。人口密度越集中，污水的收集成本则越低，越利于提高服务效率，因此需要提高经济发展水平。工业废水的占比越大，工业废水的处理比生活污水处理的成本更高，将污水处理企业的成本效率的影响呈负向。排水管道越密集，投入成本就越高，成本效率就越低，因此提前做好排水管道的规划能提高污水处理企业的服务效率。企业员工操作熟练程度越高，越能降低成本。

　　污水处理企业不同规模均存在投入过剩或产出不足的问题。污水处理企业在规划发展时，未能从城市发展与规划的实际情况进行科学配置，从而使一些污水处理企业出现了投入过剩的现象发生，这种投入过剩的后果就是资源未得到充分的利用，导致出现产出不足的问题。从投入方面看，污水处理企业在员工配置数量与年运行费投入指标存在较大过剩，这也反映出了污水处理企业存在一定程度的规模盲目扩张的问题，造成了污水处理服务资源浪费的现象。从产出方面看，大型和特大型在 COD 削减率、氨氮削减率和 TN 削减率指标上产出不足，上升空间较大，可以提高相关出水标准。

第二节　政策建议

一、国家加强顶层设计，促进污水处理行业发展

　　污水处理行业承担着极其重要的环境保护的社会职责，新修订的《水污染防治法》更加明确了各级政府的水环境质量责任，污水处理设施建设上提高标准、增加投入是大势所趋。一是要加大各级政府围绕行业发展目标、行业监管、融资方式、税收优惠和技术革新等方面陆续出台相关政策。二是多渠道保障污水处理设施投、融资来源，制定污水处理行业信用评级标准，金融机构提供行业优惠利率，降低融资成本，减轻债务风险，促进城市污水处理设施健康可持续发展。三是从政府管理层面，加大"以奖代补"和政府债支持力度；支持更多的污水处理项目纳入国家、省、市三级的重点项目库，污水处理新建项目全部纳入政府债支持项目。四是制订长效机制，全额补贴污水处理专项亏损。相关部门应对各级政府的落实情况进行督促及考核。五是继续加大对污水处理的税收扶持。取消污水处理、再生水、污泥增值税征收，改善企业经营状况；加大对污水运营企业的房产税、土地使用税、所得税的减免。

　　按财政部、国家税务总局关于印发《资源综合利用产品和劳务增值税优惠目录》的通知，污水处理服务收入将按文件规定执行先征后返政策，将引起增值税及附加费用增加约 2 亿元/年。

　　鉴于城镇污水处理的本质是政府通过购买服务、特许经营等方式委托社

会资本处理城镇居民排放的生活污染物，城镇污水处理不同于工业污水处理，其具有社会公共服务性质，公益性强，责任主体是地方政府。建议适时调整国家财税政策，出台污水处理业务免征增值税政策，以促进城镇污水处理行业的持续健康发展，为国家环境保护事业的发展奠定坚实基础。

制定污水处理收费价格5—10年的调价目标，简化创新调价机制。按照"社会平均成本+税金+合理利润"的原则，结合实际，考虑市民承受能力，确定污水行业的产品、服务价格，规范定价行为，确保行业质量和服务质量。

现行收费标准远低于污水处理成本，形成污水处理费收费与成本长期倒挂，特别是污水提标改造项目完工后，污水处理费收费与成本长期倒挂更为严重，污水处理资金缺口近20亿元，在2015年已首次出现延迟支付污水处理结算资金的情况，这将对城市污水市场化机制的稳定健康运行产生较大负面影响，更将加大现行污水市场化机制正常运转风险。

国家发改委早在2007年就提出："要完善污水处理费政策，逐步提高污水处理费收费标准，使其达到补偿污水处理企业正常运行成本和建设成本、补偿排水管网运行维护成本，并使企业合理盈利的水平。"2013年9月发布的《城镇排水与污水处理条例》明确"污水处理费的收费标准不应低于城镇污水处理设施正常运营的成本。因特殊原因，收取的污水处理费不足以支付城镇污水处理设施正常运营的成本的，地方人民政府给予补贴"。2015年1月，国家发改委、财政部、住建部出台的《关于制定和调整污水处理收费标准等有关问题的通知》（发改价格〔2015〕119号）明确"污水处理费收费标准要补偿污水处理和污泥处置设施的运营成本并合理盈利"。2018年6月，国家发改委出台的《关于创新和完善促进绿色发展价格机制的意见》（发改价格规〔2018〕943号）明确"加快构建覆盖污水处理和污泥处置成本并合理盈利的价格机制，推进污水处理服务费形成市场化，逐步实现城镇污水处理费基本覆盖服务费用""按照补偿污水处理和污泥处置设施运营成本并合理盈利的原则，制定污水处理费标准，并依据评估结果动态调整，2020年底前实现城市污水处理费标准与污水处理服务费标准大体相当""支持提高污水处理标准，污水处理排放标准提高至一级A标或更严格标准的城镇和工业园区，可相应提高污水处理费标准，长江经济带相关省份要率先实施"。建议按照上述文件的有关精神制定污水价格调整实施意见，尽快将污水处理费征收综合标准调整到覆盖污水成本的水平（含污泥处置）。

要提高污水处理费收缴率。一是加强污水处理费征收使用管理，按照

"补偿成本、合理收益"的原则，合理确定污水处理收费标准，加大城市排污管网覆盖范围内自备水源单位的污水处理费征缴力度。二是污水处理费征收部门需合理核定污水排放量，确保足额征收。三是做好自来水公司代收工作，消除漏收、未收现象，确保污水处理费应收尽收。

二、坚持适度规模原则，加大技术投入

污水处理规模的发展要坚持适度原则，以资源配置为导向，防止出现规模过大或规模不足的问题。污水处理企业的适宜规模问题，不仅考虑污水处理企业自身层面规模发展的微观问题，而且是整个地区、城市水处理资源配置的宏观问题。因此，宏观层面上看，污水处理企业的规模扩张要以水处理资源配置为导向，坚持适度原则。政府应积极进行宏观调控，根据各个区域的人口数量、经济实力等因素合理调节水处理资源在各个区域的使用，减少水处理资源存在浪费或不足的问题，从而使水处理资源发挥最大效用；另外要加大对落后地区以及排污系数较大地区污水处理的帮扶力度，使水处理资源合理地向落后地区以及排污系数较大地区倾斜，以提高落后地区的污水处理水平和效率；微观层面上看，污水处理企业扩大规模，要充分考虑污水处理企业自身的各个因素，坚持适度原则，防止出现由于规模扩张带来的管理成本上升和资金压力。

加大对污水处理企业的处理工艺技术投入，提高污水处理企业服务效率。污水处理企业的污水处理技术水平的高低最主要是由处理工艺水平的高低决定的，新型处理工艺直接影响了污水处理的技术效率以及处理成本。因此，政府和污水处理企业应重点加大对污水处理技术的建设。作为政府，首先应该加大对污水收集管道的投入力度，为污水处理打下坚实基础；其次，政府还应积极加大对污水处理的改革力度，积极推动污水处理企业市场化，以保持污水处理行业的资本投入。作为污水处理企业，一是，企业管理者应明确定位，控制好污水处理成本；二是，积极与服务效率较高的同行企业交流，引进新型污水处理工艺，以提高企业的技术水平；三是，污水处理企业自身应根据其实际情况进行资源调控，控制单位处理成本以及提高产出水平。

三、政府加强监管力度，发挥市场机制

污水处理行业是向社会提供的公共服务，政府可以通过两种方式来履行

该服务：一是政府直接提供，即政府直接投资并领导事业单位运营。二是市场提供，政府监管。即以追求自身利益的企业为主体，作为市场经济最基本的活动单元，依靠市场机制配置资源，代替政府提供公共服务，而政府实施监管以确保企业收益和服务责任的实现。就污水处理行业而言，政府直接提供污水处理服务具有服务效率低、投资能力不足、政企合一、职能不清、管理落后等缺点，而这也正是中国污水处理行业市场化改革前存在的问题。为了提高污水处理行业的效率，中国污水处理行业走市场化和产业化的道路，但是基于污水处理行业的特性，市场提供污水处理服务，不能脱离政府的监管，因为只有政府介入才能解决污水处理行业可能出现的市场失灵和正外部性问题，这样才能提供污水处理服务的高效和公正。市场提供服务也能使政府直接提供服务责任的负荷减轻，将更多的精力放到政策制定和监管职能上，以保证水污染得到治理，清洁的水环境受到持续保护。

四、引入竞争机制，优化控制成本

在中国污水处理行业中，各地区的污水处理企业处于垄断经营，彼此不存在业务上和成本控制上的竞争，缺乏效率激励机制，而且由于过于分散化、数量过多的污水处理企业，使监管部门难以有效的管制污水处理经营。由于污水处理企业具有区域性垄断的特点，以外部环境基本相同的流域或区域为单位，对流域内污水处理企业之间引入比较竞争机制，通过服务效率和成本的相互比较，打破区域内污水处理企业对经营成本和投资成本信息的垄断，使污水处理企业显示其真实的成本和降低成本的潜力，建立每个污水处理企业提高效率的目标，并逐步形成行业标准成本为基础的合理监管服务效率，以促进污水处理企业降低成本、提高效率、改进服务。采用比较竞争机制，使得每个污水处理企业的污水处理价格和利润不仅取决于自身的投资和成本水平，还取决于其他污水处理企业的投资和成本水平，污水处理企业要想获得更多的利润，就必须提高投资效率和运行效率，在保证服务的前提下努力降低成本，提高服务效率。

对污水处理企业运用激励性竞争，定期考核污水处理企业的服务效率，对服务效率较低的或较高的污水处理企业分别进行相应的惩罚与奖励，使污水处理企业间形成有效良性的竞争，最终使行业的整体服务效率得到提高。

政企联合优化控制成本。一是政府继续在基础设施、老旧供热管网更新改造上加大投入、加快建设，解决改善污水行业维护费用大、管网收集的问题，减轻企业负担。二是理顺各部门职能整合资金，加大对污水处理厂提标改造、污泥无害化处理及中水再利用设施管网等基础设施建设的投入。三是减少污水处理量，降低污水处理成本。实施清污分流、加快雨污分流管网建设，尤其加快老城区雨污分流管道改造工程。四是企业合理管控好成本，提高设备维修管理能力，降低运营成本。结合老旧小区改造等工作减少户内水浪费。一些老旧小区出水水质差，排水受管道影响易堵塞渗漏，造成水资源浪费，户内水浪费程度高于新建小区，污水产生量也会随之增多，加大污水处理企业负担。一方面居民对供水、排水，尤其入户改造方面需求大；另一方面受政策及资金影响，给排水设施改造难度大，改造力度较小。建议在老旧小区改造等民生工程中，加大对入户管网改造的投入力度，减少在户内产生的水资源浪费。

提高污水处理企业管理水平。加强污水处理企业建设与管理。进一步推进企业的改革，加快建立科学高效的企业管理制度，加快实施污水处理企业增容扩建改造，优化污水收集与处理设施格局。降本增效，加强人力资源建设，改善城市污水企业生产率低下的状况，提高企业盈利能力，控制资产负债率，防范财务风险，确保正常运行、达标排放，切实提高企业竞争能力。

附　录

1. 重点调查企业污水处理成本费用汇总表

附表1：　　　　　　　　重点调查企业污水处理成本费用汇总表　　单位：万元、万立方米

企业序号	2019年污水处理量	年污水设计处理量	一、污水处理成本	二、污水污泥收集输送运行成本	三、期间费用	四、需扣除的非主营业务成本	五、污水处理总成本	六、污水处理单位成本
1	130227	150745	478867	0	432	0	479299	3.68
2	136742	157352	138728	0	32769	0	171497	1.25
3	31940	99	43281	1273	1309	0	45862	1.44
4	15361	16425	14846	6094	6371	0	27310	1.78
5	3023	3600	2794	54	525	0	3372	1.12
6	237	730	550	0	0	0	550	2.32
7	3086	3650	2071	2232	182	0	4485	1.45
8	10620	11680	17060	1827	1737	0	20623	1.94
9	1813	2409	1635	25	49	0	1710	0.94
10	4863	5840	7652	879	1775	0	10306	2.12
11	10858	13505	12597	1173	3001	0	16771	1.54
12	7587	10585	12014	0	3415	0	15428	2.03
13	5555	7300	5551	754	854	0	7160	1.29
14	821	720	516	0	97	0	613	0.75
15	8079	9490	14833	182	1834	0	16849	2.09
16	417	548	865	0	0	0	865	2.07
17	913	2099	1479	0	0	0	1479	1.62
18	2218	10	4459	844	646	0	5950	2.68
19	520	548	2349	289	14	0	2651	5.10

续表

企业序号	2019年污水处理量	年污水设计处理量	一、污水处理成本	二、污水污泥收集输送运行成本	三、期间费用	四、需扣除的非主营业务成本	五、污水处理总成本	六、污水处理单位成本
20	2792	3650	3193	285	405	0	3883	1.39
21	1201	1460	2214	0	385	0	2599	2.16
22	2626	3650	2640	43	380	0	3064	1.17
23	4385	4380	4585	120	842	0	5546	1.26
24	2029	4380	2284	42	119	0	2445	1.20
25	1104	3	774	8	63	0	845	0.77
26	496	730	468	0	33	0	502	1.01
27	2954	2920	2334	103	76	0	2513	0.85
28	4281	4380	2022	75	542	0	2639	0.62
29	3023	2920	2197	0	0	0	2197	0.73
30	964	1095	661	0	178	0	839	0.87
31	843	1095	727	4	135	0	866	1.03
32	3454	3560	1512	168	175	0	1855	0.54
33	543	2	664	32	47	0	743	1.37
34	1150	1278	1984	33	756	0	2774	2.41
35	880	1095	1266	0	436	0	1703	1.93
36	2806	3294	2730	0	0	0	2730	0.97
37	431	1460	1315	0	287	0	1602	3.72
38	2735	3833	2422	0	844	0	3266	1.19
39	3224	3650	2004	21	132	0	2158	0.67
40	538	1095	741	8	59	0	808	1.50
41	2522	3285	1484	63	882	0	2429	0.96
42	2998	3650	1916	25	160	0	2101	0.70
43	3635	5475	3605	49	45	0	3700	1.02
44	1800	2920	1406	25	168	0	1599	0.89
45	2458	3650	2092	22	253	0	2367	0.96
46	7165	7300	3638	428	1027	0	5094	0.71
47	3263	3650	591	202	347	0	1140	0.35
48	1105	1825	435	47	249	0	730	0.66
49	3750	4380	2650	190	1091	1091	2840	0.76

续表

企业序号	2019年污水处理量	年污水设计处理量	一、污水处理成本	二、污水污泥收集输送运行成本	三、期间费用	四、需扣除的非主营业务成本	五、污水处理总成本	六、污水处理单位成本
50	1036	3	1462	0	366	0	1828	1.76
51	5861	7300	3254	1125	3979	0	8358	1.43
52	45984	50370	25916	0	1543	0	27459	0.60
53	802	3	966	0	106	0	1072	1.34
54	2723	3650	1791	20	570	570	1811	0.67
55	5558	5475	5398	954	1549	0	7900	1.42
56	8624	10950	7163	1708	700	0	9571	1.11
57	4227	5475	4492	0	1190	91	5591	1.32
58	700	730	478	0	82	0	560	0.80
59	3008	10	1158	8	228	0	1394	0.46
60	2907	10	1312	304	120	0	1737	0.60
61	502	1460	1606	7	31	0	1644	3.27
62	531	1095	876	49	431	0	1356	2.55
63	10785	11863	7482	0	1898	0	9380	0.87
64	1867	4392	2253	66	688	0	3006	1.61
65	593	1825	1361	35	620	0	2017	3.40
66	10839	11863	7352	0	2396	0	9748	0.90
67	7111	7315	4489	201	1621	0	6311	0.89
68	1685	2190	2521	0	1610	0	4131	2.45
69	2722	3600	3369	0	1323	0	4692	1.72
70	3411	3422	2602	126	603	0	3331	0.98
71	1129	1825	914	403	78	0	1394	1.24
72	635	1095	3332	0	658	0	3989	6.28
73	927	730	943	209	90	0	1243	1.34
74	651	1460	1302	89	70	0	1460	2.24
75	549	730	993	0	37	0	1029	1.88
76	626	3650	528	11	278	0	817	1.30
77	184	184	261	3	14	0	278	1.51
78	67	183	91	9	14	0	113	1.69
79	31	77	28	8	5	0	40	1.30

续表

企业序号	2019年污水处理量	年污水设计处理量	一、污水处理成本	二、污水污泥收集输送运行成本	三、期间费用	四、需扣除的非主营业务成本	五、污水处理总成本	六、污水处理单位成本
80	5822	7300	4181	0	2041	−245	6467	1.11
81	1242	1229	1136	36	383	0	1554	1.25
82	609	720	337	54	106	0	496	0.82
83	811	1095	630	6	59	0	695	0.86
84	4377	7300	4353	0	2058	0	6411	1.46
85	7300	7300	4889	0	1302	0	6192	0.85
86	863	913	1147	21	228	0	1396	1.62
87	6867	7756	13416	10453	1704	0	25572	3.72
88	206355	205860	215883	60984	5927	0	282795	1.37
89	13942	15513	20084	6438	6720	370	32871	2.36
90	12084	14564	21436	3870	4557	280	29584	2.45
91	18125	18798	21474	10338	3889	0	35701	1.97
92	3007	2537	5732	0	217	0	5950	1.98
93	5434	7592	12513	5446	2680	0	20639	3.80
94	6515	7320	4691	1202	1669	0	7561	1.16
95	48889	49100	46586	7555	4177	0	58318	1.19
96	2977	3650	2282	718	1585	0	4585	1.54
97	19887	23250	22074	19608	13171	0	54853	2.76
98	5625	5475	2702	56	1104	0	3862	0.69
99	2437	2555	1166	35	372	0	1573	0.65
100	6045	6023	3377	176	839	0	4393	0.73
101	19527	20440	29806	12246	8448	2164	48335	2.48
102	7357	22	5777	900	1127	0	7804	1.06
103	7770	9052	6160	1823	409	0	8391	1.08
104	2344	2665	3516	608	371	0	4495	1.92
105	3157	3577	7778	852	1474	0	10105	3.20
106	1795	2550	1719	0	415	0	2134	1.19
107	3755	4489	5993	1750	2191	0	9934	2.65
108	3909	5475	8285	409	288	0	8981	2.30
109	2344	3285	2421	0	285	0	2706	1.15

续表

企业序号	2019 年污水处理量	年污水设计处理量	一、污水处理成本	二、污水污泥收集输送运行成本	三、期间费用	四、需扣除的非主营业务成本	五、污水处理总成本	六、污水处理单位成本
110	3627	4380	2596	0	1128	1074	2650	0.73
111	649	730	1190	9	604	0	1803	2.78
112	12804	0	29429	9779	5608	0	44816	3.50
113	20301	21900	17779	0	1911	0	19690	0.97
114	2986	3650	4264	1167	1037	0	6468	2.17
115	5367	6480	6632	0	360	0	6993	1.30
116	26792	26910	33372	16925	2614	0	52911	1.97
117	27038	23360	43637	15647	9485	136	68632	2.54
118	2423	2920	2142	0	18	0	2160	0.89
119	6945	7300	8961	0	664	0	9625	1.39
120	10540	11680	11508	0	787	0	12295	1.17
121	307	730	962	0	230	0	1192	3.88
122	1978	2190	2282	1021	312	0	3615	1.83
123	5714	5840	7417	0	279	0	7695	1.35
124	1949	2190	1769	0	295	0	2064	1.06
125	3316	3650	2289	0	227	0	2516	0.76
126	10528	10220	6661	6853	1006	0	14521	1.38
127	12828	14600	6670	1771	2347	0	10788	0.84
128	8816	6843	7646	173	3128	0	10947	1.24
129	177	146	200	24	26	0	249	1.41
130	1729	1830	1127	0	293	0	1420	0.82
131	4816	5475	6627	0	1021	0	7648	1.59
132	1113	1098	739	0	151	0	890	0.8
133	1432	1460	2867	13	695	0	3574	2.5
134	3365	5110	2623	0	0	0	2623	0.78
135	2063	3650	2097	0	781	0	2877	1.39
136	3922	4745	6281	448	1000	0	7729	1.97
137	1291	1825	1203	120	283	0	1606	1.24
138	2712	2712	1200	0	274	0	1474	0.54
139	1726	1825	1586	253	236	0	2075	1.2

续表

企业序号	2019年污水处理量	年污水设计处理量	一、污水处理成本	二、污水污泥收集输送运行成本	三、期间费用	四、需扣除的非主营业务成本	五、污水处理总成本	六、污水处理单位成本
140	23541	32850	72716	0	12327	0	85043	3.61
141	6439	23	23098	7237	7316	0	37650	5.85
142	2344	2409	594	0	139	0	733	0.31
143	638	1095	1083	0	484	0	1567	2.46
144	5295	7300	4248	88	1676	0	6011	1.14
145	555	670	769	0	247	0	1016	1.83
146	6917	7200	5431	0	1708	0	7138	1.03
147	1249	1098	676	208	7	0	891	0.71
148	5896	5460	3786	39	1588	0	5413	0.92
149	3264	7300	1516	48	25	0	1589	0.49
150	1899	1825	1973	13	645	0	2631	1.39
151	2246	2008	1051	38	557	0	1645	0.73
152	12378	10950	8769	182	2469	0	11420	0.92
153	10705	10950	3995	802	28	0	4825	0.45
154	1070	1095	901	178	275	0	1354	1.27
155	2863	2450	1091	0	41	0	1132	0.40
156	8142	8030	1348	0	149	0	1497	0.18
157	3958	3650	788	413	145	0	1346	0.34
158	1211	1095	420	0	3	0	423	0.35
159	1104	2190	374	0	11	0	386	0.35
160	1731	2160	1300	0	143	0	1442	0.83
161	7243	9125	4180	0	1331	1	5510	0.76
162	6407	7300	3229	0	175	0	3403	0.53
163	1263	1460	562	84	141	0	788	0.62
164	2846	3687	2637	65	324	0	3026	1.06
165	1791	2920	2954	29	705	0	3689	2.06
166	264	365	196	7	59	0	261	0.99
167	1231	1825	731	14	551	0	1295	1.05
168	4190	5475	3340	141	372	0	3854	0.92
169	3358	3650	1845	125	560	25	2505	0.75

续表

企业序号	2019年污水处理量	年污水设计处理量	一、污水处理成本	二、污水污泥收集输送运行成本	三、期间费用	四、需扣除的非主营业务成本	五、污水处理总成本	六、污水处理单位成本
170	1777	2920	1113	1	869	0	1983	1.12
171	2112	2920	1062	1	643	0	1707	0.81
172	352	913	400	0	21	0	422	1.20
173	1409	1825	1030	295	725	0	2050	1.46
174	8608	9125	5952	1411	1693	0	9056	1.05
175	775	913	882	0	47	0	929	1.20
176	845	1460	961	0	52	0	1013	1.20
177	22343	25185	21934	0	9662	0	31596	1.41
178	1299	1460	1304	0	166	0	1470	1.13
179	33571	35128	29577	8336	1636	0	39548	1.18
180	498	913	1017	20	452	0	1489	2.99
181	1456	2008	757	230	367	11	1343	0.92
182	793	913	541	0	207	0	748	0.94
183	6219	7118	5653	420	2998	0	9071	1.46
184	1607	1643	1553	0	426	0	1979	1.23
185	826	912	1202	0	258	0	1460	1.77
186	3882	4745	3209	362	1336	124	4783	1.23
187	4653	5475	3806	411	2347	0	6564	1.41
188	1499	1825	1085	0	413	0	1498	1.00
189	1098	1095	1196	22	264	0	1482	1.35
190	4604	7300	1539	36	501	0	2076	0.45
191	5251	7300	1083	106	249	0	1438	0.27
192	0	0	0	83	0	0	83	0
193	17766	18250	9065	0	1021	0	10086	0.57
194	540	548	412	28	200	0	640	1.19
195	1306	1460	880	0	443	0	1322	1.01
196	326	1	414	5	53	0	472	1.45
197	2318	2920	1640	33	698	0	2371	1.02
198	2614	2920	682	0	192	0	874	0.33
199	361	365	746	0	120	0	866	2.40

续表

企业序号	2019年污水处理量	年污水设计处理量	一、污水处理成本	二、污水污泥收集输送运行成本	三、期间费用	四、需扣除的非主营业务成本	五、污水处理总成本	六、污水处理单位成本
200	2217	2190	781	8	6	0	794	0.36
201	3376	3650	1556	27	663	0	2246	0.67
202	1137	1460	819	0	99	0	917	0.81
203	365	365	503	5	63	0	571	1.56
204	2311	2190	1136	0	117	0	1253	0.54
205	3039	2920	1507	46	361	448	1466	0.48
206	1507	1644	932	638	152	0	1723	1.14
207	725	730	330	8	0	0	338	0.47
208	4170	4502	1987	0	384	0	2370	0.57
209	1359	1460	1384	346	39	0	1768	1.30
210	993	913	1048	238	196	0	1482	1.49
211	1	1	7	8	3	1	17	17.00
212	3808	3650	3232	42	366	0	3640	0.96
213	29265	31025	30450	481	6133	0	37064	1.27
214	423	730	895	6	4	0	904	2.14
215	8584	8395	6980	831	1680	0	9491	1.11
216	222	245	287	47	6	0	340	1.53
217	885	1082	1000	100	54	0	1154	1.30
218	3610	3550	4228	252	274	0	4753	1.32
219	400	442	707	45	0	0	751	1.88
220	473	562	843	271	0	0	1114	2.36
221	386	1460	661	21	401	0	1083	2.80
222	2104	2190	1893	436	265	0	2594	1.23
223	1398	1460	800	255	123	61	1117	0.80
224	947	913	1013	79	181	0	1274	1.35
225	106	365	494	4	103	0	602	5.68
226	2864	2928	1386	23	343	0	1752	0.61
227	1003	1095	787	8	348	0	1143	1.14
228	402	548	856	43	118	0	1017	2.53
229	1434	2555	3294	167	608	0	4069	2.84

续表

企业序号	2019年污水处理量	年污水设计处理量	一、污水处理成本	二、污水污泥收集输送运行成本	三、期间费用	四、需扣除的非主营业务成本	五、污水处理总成本	六、污水处理单位成本
230	105	730	470	148	244	0	862	8.18
231	4762	5475	7796	32	184	0	8011	1.68
232	720	1095	863	174	105	0	1143	1.59
233	1256	3285	895	0	229	127	997	0.79
234	2989	4380	3772	0	618	0	4390	1.47
235	5717	5840	12286	141	1787	0	14214	2.49
236	4622	4555	5987	205	689	0	6881	1.49
237	1169	1460	2879	41	1200	0	4119	3.52
238	3505	3650	3916	0	443	0	4359	1.24
239	492	730	644	39	278	0	960	1.95
240	728	1095	1045	3	414	0	1462	2.01
241	4823	5040	1190	59	543	0	1792	0.37
242	730	730	1546	38	224	0	1807	2.48
243	5659	7300	6611	1251	950	0	8811	1.56
244	1720	2920	2491	17	328	77	2760	1.60
245	4316	5475	5692	0	154	0	5846	1.35
246	461	730	1444	78	283	0	1805	3.91
247	3521	10	5897	159	1923	0	7978	2.27
248	4480	4928	14150	0	1072	0	15223	3.40
249	9095	9125	10719	311	1012	0	12042	1.32
250	1489	1825	1130	0	19	0	1149	0.77
251	1154	1095	740	0	11	0	751	0.65
252	2651	2920	2252	118	285	0	2655	1.00
253	2354	2920	2425	87	464	0	2975	1.26
254	1954	2190	1742	76	580	0	2397	1.23
255	1028	1095	1144	52	84	0	1280	1.24
256	792	730	4113	70	82	0	4265	5.39
257	792	730	624	139	149	0	911	1.15
258	4163	4320	5075	1237	188	0	6500	1.56
259	11824	12775	14877	2304	703	0	17884	1.51

续表

企业序号	2019 年污水处理量	年污水设计处理量	一、污水处理成本	二、污水污泥收集输送运行成本	三、期间费用	四、需扣除的非主营业务成本	五、污水处理总成本	六、污水处理单位成本
260	827	1460	1131	280	443	0	1854	2.24
261	792	730	2658	0	154	0	2811	3.55
262	1408	1825	1373	342	161	0	1876	1.33
263	6839	7300	4853	189	496	0	5537	0.81
264	1826	1825	2344	81	318	0	2743	1.50
265	3632	3650	4485	333	1699	0	6518	1.79
266	909	1095	906	24	171	0	1101	1.21
267	1683	1460	564	816	157	0	1537	0.91
268	786	840	460	25	16	0	500	0.64
269	715	767	439	8	165	0	612	0.86
270	5561	5475	2160	30	782	0	2972	0.53
271	1217	1095	664	2	12	0	679	0.56
272	2119	1825	1049	0	242	0	1291	0.61
273	1112	1095	629	17	59	0	705	0.63
274	1440	1460	1880	0	436	0	2316	1.61
275	3702	3650	2019	40	653	0	2712	0.73
276	1095	1095	864	0	118	0	981	0.90
277	2242	2242	1413	0	301	0	1714	0.76
278	1109	3285	1120	42	680	0	1842	1.66
279	1144	1825	2217	0	93	0	2310	2.02
280	12775	10456	9560	179	430	0	10169	0.80
281	455	1080	669	0	0	0	669	1.47
282	1067	2190	684	24	222	0	930	0.87
283	8666	7300	2898	60	24	0	2982	0.34
284	2682	3796	3605	600	3168	0	7373	2.75
285	16328	14600	5320	5566	742	0	11627	0.71
286	475	365	377	0	135	0	512	1.08
287	2008	2190	361	35	476	0	872	0.43
288	9110	9110	5153	1579	765	0	7497	0.82
289	1940	0	817	17	251	0	1084	0.56

续表

企业序号	2019年污水处理量	年污水设计处理量	一、污水处理成本	二、污水污泥收集输送运行成本	三、期间费用	四、需扣除的非主营业务成本	五、污水处理总成本	六、污水处理单位成本
290	5379	3650	1481	4	687	0	2172	0.40
291	3723	3650	1517	0	795	0	2312	0.62
292	5129	15	3815	0	992	0	4807	0.94
293	759	1095	620	0	146	0	766	1.01
294	973	1095	566	0	167	0	733	0.75
295	1255	1825	826	0	300	0	1126	0.90
296	961	1095	547	0	198	0	745	0.78
297	730	730	481	0	130	0	611	0.84
298	13825	14600	8234	0	−677	−231	7788	0.56
299	1217	1460	693	64	172	0	929	0.76
300	38662	34583	12613	41401	7115	0	61130	1.58
301	18743	27010	15918	1358	5946	0	23222	1.24
302	6932	7300	4929	1841	2717	0	9487	1.37
303	1054	1278	441	70	487	0	998	0.95
304	1059	2190	1444	27	248	0	1719	1.62
305	1424	1460	710	8	339	0	1056	0.74
306	1891	2190	1015	157	359	0	1530	0.81
307	1691	1825	1111	296	370	0	1778	1.05
308	1134	1095	838	64	155	0	1057	0.93
309	1514	2190	1300	0	64	8	1355	0.90
310	10947	10950	7323	574	1168	0	9064	0.83
311	743	1310	2796	0	519	0	3315	4.46
312	8320	8760	2887	120	692	0	3699	0.44
313	9089	11936	16279	2890	1976	0	21145	2.33
314	1136	2008	1442	198	285	0	1925	1.69
315	111390	114758	142494	29617	27244	0	199355	1.79
316	68003	73000	86462	0	14636	0	101098	1.49
317	10452	11352	14811	2562	3091	−547	21011	2.01
318	7811	7811	6616	0	916	0	7532	0.96
319	1303	1347	734	0	391	0	1125	0.86

续表

企业序号	2019年污水处理量	年污水设计处理量	一、污水处理成本	二、污水污泥收集输送运行成本	三、期间费用	四、需扣除的非主营业务成本	五、污水处理总成本	六、污水处理单位成本
320	1510	1460	801	0	304	0	1104	0.73
321	1781	3650	1049	0	268	0	1317	0.74
322	4121	3650	2084	0	883	0	2967	0.72
323	236	548	726	227	313	0	1266	5.37
324	87	91	266	0	11	0	277	3.17
325	1912	2920	1672	42	1156	0	2870	1.50
326	238	365	355	26	13	0	395	1.66
327	46	110	160	18	4	0	183	4.02
328	3078	2920	2990	126	203	0	3320	1.08
329	3010	2920	1734	0	432	0	2166	0.72
330	1364	1825	858	26	272	0	1156	0.85
331	5368	5475	2157	495	1280	0	3932	0.73
332	800	1460	856	0	72	0	928	1.16
333	1200	4920	650	23	30	0	704	0.59
334	346	365	287	0	26	0	313	0.90
335	277	493	467	0	78	0	544	1.97
336	5122	5293	4157	752	293	0	5201	1.02
337	178	365	214	27	43	0	283	1.60
338	708	913	477	79	55	0	610	0.86
339	3757	4263	2270	0	1173	0	3443	0.92
340	2127	2920	1328	32	227	0	1587	0.75
341	2398	2190	996	0	0	0	996	0.42
342	1350	1825	646	0	0	0	646	0.48
343	3821	4015	2710	168	367	0	3244	0.85
344	814	711	324	37	37	15	383	0.47
345	4063	4709	4285	0	1567	0	5851	1.44
346	11462	9855	8208	1448	1473	0	11129	0.97
347	44205	51100	38737	5229	11069	894	54141	1.22
348	4556	4380	1404	0	875	0	2279	0.50
349	2375	2555	3019	1150	280	90	4359	1.84

续表

企业序号	2019年污水处理量	年污水设计处理量	一、污水处理成本	二、污水污泥收集输送运行成本	三、期间费用	四、需扣除的非主营业务成本	五、污水处理总成本	六、污水处理单位成本
350	2424	2555	13023	175	895	0	14093	5.81
351	3113	3650	1846	357	1004	0	3206	1.03
352	888	913	908	0	357	0	1265	1.42
353	5736	7300	3813	349	858	0	5020	0.88
354	2792	3650	2519	73	276	0	2868	1.03
355	1523	1460	1045	36	182	0	1264	0.83
356	8751	9490	5967	811	571	0	7349	0.84
357	2785	5840	3411	163	141	0	3716	1.33
358	1207	0	1362	0	0	0	1362	1.13
359	344	350	421	0	0	0	421	1.23
360	1435	4	1813	1069	274	0	3156	2.20
361	200	365	163	112	94	0	369	1.84
362	346	360	287	147	6	0	440	1.27
363	227	11	274	13	13	0	299	1.32
364	2450	4380	3297	0	431	0	3728	1.52
365	262	2	283	17	4	0	304	1.16
366	242	475	322	65	39	0	426	1.76
367	953	0	4664	108	37	−256	4302	5.32
368	1103	1512	2285	0	416	0	2701	2.45
369	1742	3102	1964	102	259	0	2326	1.33
370	1276	2008	802	98	39	0	939	0.74
371	444	1095	1143	0	202	0	1345	3.03
372	2906	2920	2226	0	173	0	2399	0.83
373	393	474	934	0	187	0	1121	2.85
374	203	219	248	157	0	0	405	2.00
375	185	438	330	2	11	0	342	1.85
376	1573	3285	4616	489	901	637	5369	3.41
377	498	1460	2277	255	136	0	2667	5.35
378	1632	2920	2088	329	0	0	2416	1.48
379	1027	1095	3367	112	323	0	3802	3.70

续表

企业序号	2019 年污水处理量	年污水设计处理量	一、污水处理成本	二、污水污泥收集输送运行成本	三、期间费用	四、需扣除的非主营业务成本	五、污水处理总成本	六、污水处理单位成本
380	11714	40	8595	0	3331	0	11926	1.02
381	1579	3650	2460	0	150	0	2610	1.65
382	1651	1825	1073	35	563	0	1671	1.01
383	10016	17338	11153	0	8271	0	19424	1.94
384	2828	3650	3793	32	846	0	4670	1.65
385	383	913	377	7	605	0	990	2.58
386	1869	5	1353	0	588	0	1941	1.04
387	1795	4380	1966	423	45	0	2434	1.36
388	506	1460	591	0	374	0	965	1.91
389	77	630	159	0	14	0	172	2.24
390	2446	2555	3452	710	510	0	4672	1.91
391	10459	14600	6779	106	1466	0	8351	0.80
392	43	0	0	0	0	0	0	0
393	1983	3650	2551	0	576	−190	3318	1.67
394	1387	1460	1012	0	471	0	1484	1.07
395	11982	7300	10899	0	5470	0	16369	1.37
396	7578	7300	5900	0	2125	0	8025	1.06
397	1798	1825	1898	0	811	437	2272	1.26
398	263	292	447	12	84	0	543	2.07
399	360	465	536	0	148	0	684	1.90
400	5416	5840	3564	499	1005	1005	4063	0.75
401	316	365	470	0	15	0	485	1.53
402	889	1095	1127	275	413	0	1815	2.04
403	2405	2920	2040	0	787	0	2827	1.18
404	696	730	851	0	227	0	1079	1.55
405	340	730	453	214	72	0	739	2.17
406	1946	2190	3046	648	598	1354	2938	1.51
407	388	730	695	51	631	0	1378	3.55
408	436	547	553	0	32	0	585	1.34
409	164	292	431	16	113	98	462	2.82

续表

企业序号	2019年污水处理量	年污水设计处理量	一、污水处理成本	二、污水污泥收集输送运行成本	三、期间费用	四、需扣除的非主营业务成本	五、污水处理总成本	六、污水处理单位成本
410	297	438	745	0	55	0	800	2.69
411	7446	10038	7756	223	2386	0	10365	1.39
412	304	730	418	5	165	0	588	1.94
413	253	2	359	6	77	0	441	1.74
414	1021	3	1030	0	1554	152	2431	2.38
415	166	1	189	8	0	0	197	1.19
416	530	548	439	0	0	0	439	0.83
417	2348	2373	2161	179	52	0	2392	1.02
418	109	146	441	13	0	0	454	4.18
419	38	183	261	0	13	0	274	7.29
420	355	365	473	3	24	7	493	1.39
421	2667	3650	5287	78	105	0	5469	2.05
422	1266	1460	1868	165	1188	0	3221	2.55
423	1753	2190	8511	885	88	0	9484	5.41
424	2886	3650	4871	69	0	0	4940	1.71
425	495	730	823	0	41	0	864	1.74
426	259	730	1679	24	6	0	1709	6.60
427	129	183	467	12	0	0	479	3.72
428	1056	1460	1555	391	0	0	1947	1.84
429	582	730	761	267	8	0	1036	1.78
430	1337	6000	1445	96	432	0	1972	1.47
431	0	0	0	0	0	0	0	0
432	564	1278	1592	0	99	0	1697	3.00
433	1020	1095	778	0	50	0	828	0.81
434	419	730	1566	7	377	0	1950	4.66
435	375	365	499	0	176	0	675	1.80
436	3739	4380	4703	0	959	0	5662	1.51
437	94	216	443	5	79	0	527	5.60
438	683	584	752	23	427	0	1202	1.76
439	488	1460	1336	79	77	0	1492	3.06

续表

企业序号	2019年污水处理量	年污水设计处理量	一、污水处理成本	二、污水污泥收集输送运行成本	三、期间费用	四、需扣除的非主营业务成本	五、污水处理总成本	六、污水处理单位成本
440	424	0	313	1	99	0	413	0.97
441	615	730	354	35	266	0	656	1.07
442	371	730	276	5	398	0	678	1.83
443	152	219	398	4	46	0	448	2.94
444	2450	2920	2499	0	880	0	3379	1.38
445	376	548	470	0	9	0	480	1.27
446	258	292	281	2	2	0	285	1.11
447	3876	5110	4037	0	566	0	4603	1.19
448	329	730	620	0	0	0	621	1.89

2. 重点调查企业污水处理运行成本费用汇总表

附表2： 城镇污水处理企业运行成本重点调查数据　单位：万元、万立方米

企业序号	污水处理运行成本	（1）污水处理环节职工薪酬	（2）直接材料费	（3）动力费	（4）折旧费	（5）修理费	（6）检验检测	（7）其他
1	478867	57460	46650	45811	257194	46615	1037	24100
2	138728	14532	26159	24874	43081	10784	832	18465
3	43281	7182	7582	7000	16419	3929	50	1119
4	14846	4000	1690	2312	3818	1005	38	1983
5	2794	454	345	568	1181	89	21	137
6	550	63	356	97	0	23	11	0
7	2071	448	551	396	509	95	13	60
8	17060	4215	8726	2247	0	1142	50	680
9	1635	602	102	302	88	181	1	359
10	7652	1099	2329	785	2507	298	59	575
11	12597	914	3908	1753	0	782	17	5223
12	12014	2229	3872	2529	307	1756	99	1222
13	5551	227	45	1025	3317	633	35	269
14	516	147	10	118	158	41	5	37
15	14833	959	5314	2283	5246	538	162	331

续表

企业序号	污水处理运行成本	(1) 污水处理环节职工薪酬	(2) 直接材料费	(3) 动力费	(4) 折旧费	(5) 修理费	(6) 检验检测	(7) 其他
16	865	185	243	202	0	35	5	194
17	1479	196	445	367	0	51	0	420
18	4459	334	760	710	2164	360	14	117
19	2349	200	596	201	1008	31	171	141
20	3193	416	411	1031	1097	206	4	29
21	2214	455	131	276	1073	4	5	270
22	2640	206	118	597	1329	357	0	33
23	4585	351	763	864	2051	94	0	461
24	2284	212	149	228	1643	39	5	8
25	774	202	8	135	343	60	0	26
26	468	114	20	83	162	44	0	45
27	2334	293	650	499	763	87	0	41
28	2022	90	368	291	931	276	8	58
29	2197	140	431	273	1156	26	24	148
30	661	32	60	175	371	4	0	20
31	727	131	16	76	269	198	21	17
32	1512	130	217	443	360	254	21	87
33	664	142	133	160	9	81	27	112
34	1984	254	21	271	793	81	0	564
35	1266	65	242	169	724	37	11	18
36	2730	126	326	372	1719	24	29	134
37	1315	121	244	153	701	12	2	82
38	2422	156	277	441	1346	28	6	168
39	2004	75	147	524	1073	166	19	1
40	741	53	21	105	505	33	23	1
41	1484	131	158	424	645	87	32	8
42	1916	292	37	263	302	131	10	881
43	3605	974	134	511	0	649	63	1274
44	1406	78	57	290	864	69	19	28
45	2092	207	75	320	595	121	0	774
46	3638	381	102	967	1883	247	33	25

续表

企业序号	污水处理运行成本	（1）污水处理环节职工薪酬	（2）直接材料费	（3）动力费	（4）折旧费	（5）修理费	（6）检验检测	（7）其他
47	591	82	46	364	5	85	3	6
48	435	136	30	185	14	33	27	9
49	2650	219	671	633	951	84	24	68
50	1462	158	392	243	582	40	24	23
51	3254	618	1029	1077	0	453	10	67
52	25916	5820	1358	10293	0	3296	107	5042
53	966	204	146	325	79	50	1	162
54	1791	200	298	285	655	245	62	46
55	5398	493	406	1194	1439	1698	2	166
56	7163	542	441	1875	3667	215	3	420
57	4492	316	164	573	3036	92	13	298
58	478	125	85	120	13	42	60	33
59	1158	171	67	760	1	78	27	53
60	1312	72	131	469	488	108	39	6
61	1606	181	60	138	1151	31	5	40
62	876	124	24	214	452	79	39	- 56
63	7482	590	205	1626	3535	488	41	997
64	2253	226	93	306	1062	414	42	110
65	1361	93	126	297	744	57	16	27
66	7352	557	751	2049	2028	1018	41	907
67	4489	243	462	1112	2182	183	35	272
68	2521	662	2	254	1199	64	30	308
69	3369	253	98	621	1322	261	24	790
70	2602	228	205	791	917	307	35	120
71	914	210	157	185	0	28	8	326
72	3332	89	145	197	1863	663	15	360
73	943	231	223	127	218	62	10	72
74	1302	108	99	282	745	20	35	14
75	993	137	48	167	13	361	12	253
76	528	146	6	170	9	122	43	31
77	261	64	10	79	0	13	0	95

续表

企业序号	污水处理运行成本	（1）污水处理环节职工薪酬	（2）直接材料费	（3）动力费	（4）折旧费	（5）修理费	（6）检验检测	（7）其他
78	91	32	10	46	0	2	1	0
79	28	0	0	26	1	0	0	0
80	4181	620	266	0	0	202	0	3093
81	1136	152	17	216	16	272	26	437
82	337	52	21	237	6	5	18	0
83	630	112	60	204	171	0	24	59
84	4353	384	353	617	2023	399	52	525
85	4889	317	211	754	2374	870	37	327
86	1147	161	54	149	442	146	35	160
87	13416	1510	3662	1751	3116	1250	0	2127
88	215883	22259	13578	18097	419	29802	86	131642
89	20084	1935	6277	3374	5239	2544	70	645
90	21436	2876	5536	4160	5829	1368	251	1417
91	21474	4414	3793	3242	5549	2316	0	2160
92	5732	0	0	0	0	0	0	5732
93	12513	2719	1236	1864	4438	936	410	1190
94	4691	1491	1107	1138	1	770	55	129
95	46586	5987	5577	7252	16137	6842	304	4486
96	2282	645	230	918	13	383	17	77
97	22074	2643	2477	3637	8318	716	113	4170
98	2702	281	539	601	887	294	0	100
99	1166	299	103	226	399	93	3	44
100	3377	550	725	801	1069	122	11	100
101	29806	817	2246	1731	7258	416	3	17336
102	5777	905	1020	1247	1343	427	16	818
103	6160	508	664	1585	2503	535	7	358
104	3516	853	778	588	1106	131	12	48
105	7778	341	2503	843	2585	443	46	1018
106	1719	185	533	253	565	180	1	2
107	5993	760	2355	1261	873	558	0	186
108	8285	537	681	597	6108	103	25	234

续表

企业序号	污水处理运行成本	（1）污水处理环节职工薪酬	（2）直接材料费	（3）动力费	（4）折旧费	（5）修理费	（6）检验检测	（7）其他
109	2421	550	393	620	0	500	0	358
110	2596	400	67	685	0	312	25	1107
111	1190	174	128	152	705	21	10	0
112	29429	2875	0	5638	3853	3967	301	12794
113	17779	746	3417	4753	5850	2309	36	668
114	4264	779	292	771	1485	350	39	548
115	6632	1008	1051	1514	1617	77	0	1365
116	33372	2384	1797	5248	8848	1497	385	13215
117	43637	2418	9884	5493	11196	1346	4	13295
118	2142	57	493	0	0	35	0	1557
119	8961	336	1142	1411	4316	406	13	1336
120	11508	451	1557	1739	5122	237	6	2396
121	962	197	50	114	399	43	3	156
122	2282	319	0	298	897	42	30	696
123	7417	331	682	1115	3527	293	9	1460
124	1769	315	722	279	164	161	23	105
125	2289	388	317	544	113	266	4	656
126	6661	702	494	1987	1949	485	15	1029
127	6670	540	693	1552	2	102	5	3775
128	7646	359	1369	1215	3588	1078	36	1
129	200	69	47	45	3	12	12	12
130	1127	129	199	227	533	6	15	19
131	6627	261	2970	736	2036	79	38	507
132	739	112	134	137	308	8	14	26
133	2867	241	651	360	1275	267	32	40
134	2623	263	205	598	992	37	4	524
135	2097	249	45	318	1028	37	8	414
136	6281	1736	253	1085	1980	154	43	1030
137	1203	220	210	263	309	17	33	152
138	1200	145	53	0	417	25	0	561
139	1586	317	234	372	448	36	11	168

续表

企业序号	污水处理运行成本	(1)污水处理环节职工薪酬	(2)直接材料费	(3)动力费	(4)折旧费	(5)修理费	(6)检验检测	(7)其他
140	72716	4069	29382	8376	10793	1184	353	18559
141	23098	1428	7801	2178	10022	100	317	1251
142	594	113	72	266	0	143	0	1
143	1083	0	0	0	496	7	0	580
144	4248	255	353	998	2074	417	39	113
145	769	61	211	96	257	121	10	13
146	5431	307	1094	1623	2065	56	86	200
147	676	102	128	215	4	49	18	160
148	3786	185	833	772	1739	194	20	44
149	1516	236	341	735	3	103	32	66
150	1973	155	254	452	745	296	21	49
151	1051	376	142	254	189	43	34	12
152	8769	996	1387	2731	3061	248	36	310
153	3995	464	793	2046	15	495	36	145
154	901	252	181	312	2	137	4	13
155	1091	159	220	512	2	61	38	100
156	1348	247	57	911	4	42	9	78
157	788	85	70	540	1	79	14	0
158	420	83	12	136	1	70	4	114
159	374	110	53	135	0	0	4	72
160	1300	182	86	320	417	18	9	268
161	4180	865	413	1026	40	245	26	1565
162	3229	286	556	1458	538	149	0	242
163	562	76	2	132	209	7	6	130
164	2637	429	289	710	1137	66	7	0
165	2954	406	306	807	974	310	8	143
166	196	59	35	68	20	13	2	0
167	731	90	137	140	0	23	2	339
168	3340	340	650	825	1083	40	7	396
169	1845	350	250	450	700	50	25	20
170	1113	69	96	373	527	32	16	0

续表

企业序号	污水处理运行成本	（1）污水处理环节职工薪酬	（2）直接材料费	（3）动力费	（4）折旧费	（5）修理费	（6）检验检测	（7）其他
171	1062	164	80	415	323	60	20	0
172	400	88	44	65	3	39	7	154
173	1030	228	179	192	256	26	2	147
174	5952	796	796	775	2677	829	42	37
175	882	194	97	144	6	86	16	339
176	961	212	105	157	6	93	18	370
177	21934	2343	2585	2618	10853	614	17	2904
178	1304	331	67	95	9	17	9	777
179	29577	6545	6830	5105	5499	3824	46	1727
180	1017	79	413	133	292	39	9	52
181	757	183	94	165	152	127	27	10
182	541	154	45	97	176	22	7	40
183	5653	765	1594	516	2366	128	13	271
184	1553	144	459	135	443	75	6	291
185	1202	122	448	124	276	41	5	186
186	3209	332	500	926	13	298	6	1134
187	3806	215	1650	423	1251	167	12	89
188	1085	114	201	107	505	28	8	120
189	1196	304	177	166	451	18	24	57
190	1539	154	74	454	734	92	13	17
191	1083	200	201	671	3	0	7	0
192	0	0	0	0	0	0	0	0
193	9065	313	423	1732	5686	226	13	672
194	412	132	24	73	142	14	5	23
195	880	135	21	183	476	25	6	34
196	414	153	5	36	8	26	7	180
197	1640	455	168	351	349	83	174	61
198	682	119	19	437	56	0	5	46
199	746	54	313	42	308	9	15	6
200	781	249	22	182	254	26	23	24
201	1556	215	225	306	736	26	16	32

续表

企业序号	污水处理运行成本	(1) 污水处理环节职工薪酬	(2) 直接材料费	(3) 动力费	(4) 折旧费	(5) 修理费	(6) 检验检测	(7) 其他
202	819	259	78	123	272	21	21	45
203	503	186	3	50	1	33	22	208
204	1136	288	30	209	2	16	3	588
205	1507	203	102	388	657	72	28	56
206	932	283	38	177	340	20	20	54
207	330	40	44	77	130	17	0	22
208	1987	446	160	531	711	58	27	54
209	1384	109	376	410	339	85	18	47
210	1048	128	417	206	224	19	14	41
211	7	1	1	1	1	1	1	1
212	3232	274	1051	787	931	100	18	71
213	30450	1957	6257	4789	11134	3643	87	2584
214	895	15	295	180	231	18	2	153
215	6980	618	1663	1184	2681	270	28	536
216	287	48	145	82	0	5	4	4
217	1000	218	266	187	222	66	0	41
218	4228	922	1274	685	609	269	0	468
219	707	58	102	50	132	90	6	269
220	843	72	92	209	390	34	32	15
221	661	90	32	98	343	38	31	29
222	1893	432	282	310	703	101	41	23
223	800	162	289	274	1	40	10	23
224	1013	64	475	140	301	13	5	16
225	494	147	0	74	211	0	7	56
226	1386	457	156	438	198	76	42	19
227	787	134	224	131	0	25	3	270
228	856	74	186	160	365	56	12	4
229	3294	624	418	382	1461	254	53	102
230	470	64	35	53	171	43	14	89
231	7796	753	1626	1017	574	593	17	3216
232	863	221	136	239	195	11	11	50

续表

企业序号	污水处理运行成本	（1）污水处理环节职工薪酬	（2）直接材料费	（3）动力费	（4）折旧费	（5）修理费	（6）检验检测	（7）其他
233	895	184	141	388	9	64	27	81
234	3772	976	396	1264	484	519	58	75
235	12286	2099	1211	1047	3771	290	22	3846
236	5987	514	1760	1442	1174	470	48	578
237	2879	370	374	423	1449	191	26	46
238	3916	350	1698	788	708	222	5	145
239	644	81	113	126	324	0	0	0
240	1045	45	220	0	480	38	0	261
241	1190	252	232	707	0	0	0	0
242	1546	78	669	97	310	95	182	115
243	6611	268	1416	1472	2100	1015	340	0
244	2491	77	166	642	1220	137	8	240
245	5692	682	1185	1198	2056	525	41	6
246	1444	116	828	72	344	9	6	69
247	5897	903	903	992	1010	537	10	1543
248	14150	0	5159	790	3180	778	0	4243
249	10719	2421	2172	2163	2709	1167	6	82
250	1130	106	335	212	302	53	11	111
251	740	106	272	121	127	28	7	79
252	2252	228	173	554	661	111	3	522
253	2425	550	550	562	543	175	3	42
254	1742	273	510	391	370	155	3	39
255	1144	93	118	265	598	34	0	36
256	4113	223	2868	261	489	86	56	130
257	624	103	150	127	145	95	2	3
258	5075	1019	1447	873	1163	359	181	32
259	14877	2603	3120	3504	3891	1053	518	188
260	1131	44	170	190	542	183	0	2
261	2658	152	2009	150	79	24	40	203
262	1373	147	70	317	767	28	11	34
263	4853	302	1558	1029	1723	91	0	150

续表

企业序号	污水处理运行成本	（1）污水处理环节职工薪酬	（2）直接材料费	（3）动力费	（4）折旧费	（5）修理费	（6）检验检测	（7）其他
264	2344	300	477	361	153	91	5	957
265	4485	192	2135	548	1155	225	22	209
266	906	228	171	128	282	32	22	44
267	564	233	4	286	3	34	4	0
268	460	130	88	106	86	24	10	16
269	439	57	27	114	0	13	0	228
270	2160	553	292	592	437	217	0	71
271	664	230	65	137	0	14	0	218
272	1049	138	268	298	246	48	3	48
273	629	143	26	120	203	63	0	74
274	1880	179	690	348	416	207	20	21
275	2019	489	227	328	0	220	8	746
276	864	130	13	144	409	62	30	75
277	1413	148	251	0	518	62	0	434
278	1120	148	179	191	556	5	0	41
279	2217	320	514	344	623	46	20	350
280	9560	809	1124	2309	3047	1989	0	282
281	669	122	194	255	20	75	4	0
282	684	127	271	181	0	28	32	44
283	2898	921	164	920	670	114	11	98
284	3605	798	776	753	584	268	65	362
285	5320	425	682	1404	2219	227	40	323
286	377	78	4	68	207	5	8	6
287	361	63	26	218	0	33	15	6
288	5153	1449	10	1009	2040	202	11	432
289	817	181	47	160	307	109	4	9
290	1481	217	71	479	548	142	11	13
291	1517	115	79	383	0	24	40	875
292	3815	584	673	329	1374	183	41	631
293	620	163	0	0	11	24	11	411
294	566	166	0	0	10	29	10	351

续表

企业序号	污水处理运行成本	(1)污水处理环节职工薪酬	(2)直接材料费	(3)动力费	(4)折旧费	(5)修理费	(6)检验检测	(7)其他
295	826	184	0	0	15	36	11	580
296	547	171	0	0	13	33	10	320
297	481	164	0	0	6	23	11	277
298	8234	1430	17	1204	3492	258	85	1747
299	693	177	45	107	312	15	16	21
300	12613	4203	422	5060	0	0	0	2928
301	15918	2773	886	3174	7552	690	0	843
302	4929	556	247	1061	2757	128	15	165
303	441	73	18	77	176	70	16	12
304	1444	185	36	280	827	52	12	51
305	710	120	76	126	338	22	17	12
306	1015	132	67	106	600	35	8	68
307	1111	344	7	338	329	41	3	49
308	838	116	37	164	324	49	12	135
309	1300	185	82	288	234	22	18	471
310	7323	367	1299	1667	3108	418	13	451
311	2796	933	160	216	897	229	130	230
312	2887	439	453	797	10	728	48	412
313	16279	2339	1144	2240	9321	552	31	650
314	1442	518	58	169	510	33	28	127
315	142494	26534	23930	20262	31026	19899	2178	18665
316	86462	9796	8897	11623	35125	1595	270	19157
317	14811	1927	1475	2025	5953	1193	288	1950
318	6616	1198	388	1133	2545	415	15	921
319	734	276	215	224	10	6	3	0
320	801	227	199	251	26	58	12	27
321	1049	127	288	408	96	92	13	25
322	2084	139	60	460	704	146	29	548
323	726	55	26	56	399	12	150	27
324	266	128	18	30	54	9	5	22
325	1672	147	81	321	874	223	17	10

续表

企业序号	污水处理运行成本	(1) 污水处理环节职工薪酬	(2) 直接材料费	(3) 动力费	(4) 折旧费	(5) 修理费	(6) 检验检测	(7) 其他
326	355	159	34	52	93	2	5	10
327	160	63	15	22	29	14	1	15
328	2990	871	309	288	818	300	15	390
329	1734	285	109	302	666	315	19	38
330	858	482	31	147	0	12	4	182
331	2157	211	299	518	792	315	13	9
332	856	287	153	258	24	6	23	106
333	650	178	96	331	0	1	23	22
334	287	71	6	58	0	133	2	18
335	467	316	1	84	0	38	19	9
336	4157	871	0	490	164	161	12	2459
337	214	79	11	40	0	78	5	1
338	477	124	86	128	0	13	36	89
339	2270	366	96	684	20	22	45	1036
340	1328	480	120	253	2	191	31	251
341	996	412	57	244	2	18	24	238
342	646	149	159	189	0	35	16	97
343	2710	595	103	345	729	111	59	768
344	324	110	26	57	41	68	20	2
345	4285	262	105	369	2891	81	0	578
346	8208	1440	147	1344	3787	702	22	766
347	38737	2754	3811	7513	17135	1374	80	6069
348	1404	345	209	0	15	63	16	756
349	3019	251	1576	786	0	157	71	177
350	13023	693	767	772	9622	830	15	324
351	1846	0	238	602	546	91	21	347
352	908	86	57	239	432	40	15	39
353	3813	385	358	777	1670	239	9	375
354	2519	198	389	367	1262	122	10	170
355	1045	442	53	130	9	86	6	319
356	5967	238	133	1164	1864	65	32	2471

续表

企业序号	污水处理运行成本	（1）污水处理环节职工薪酬	（2）直接材料费	（3）动力费	（4）折旧费	（5）修理费	（6）检验检测	（7）其他
357	3411	930	442	554	844	550	90	1
358	1362	350	185	184	374	231	38	0
359	421	142	10	47	145	18	2	58
360	1813	350	191	359	727	13	26	146
361	163	39	42	43	1	29	6	5
362	287	81	33	48	60	36	24	5
363	274	57	81	112	0	12	12	0
364	3297	845	567	287	1262	116	70	150
365	283	61	4	82	0	8	16	113
366	322	50	6	70	145	5	23	24
367	4664	300	542	126	0	−426	4123	103
368	2285	515	301	371	740	39	0	319
369	1964	467	290	344	642	126	61	35
370	802	140	33	165	315	69	32	48
371	1143	150	74	131	731	16	7	34
372	2226	243	524	413	865	72	62	47
373	934	303	26	216	100	89	33	167
374	248	101	14	47	0	22	24	41
375	330	194	21	69	4	17	18	6
376	4616	325	1149	527	735	80	37	1764
377	2277	414	170	192	1239	9	27	225
378	2088	642	489	467	366	82	23	18
379	3367	517	1872	100	722	9	35	113
380	8595	2008	2356	2043	261	502	285	1139
381	2460	636	161	328	905	0	0	430
382	1073	79	169	142	638	19	18	7
383	11153	919	3949	1755	36	235	41	4218
384	3793	208	919	513	1184	472	24	473
385	377	148	72	93	22	21	15	6
386	1353	244	111	166	433	96	0	303
387	1966	0	592	486	731	76	9	72

续表

企业序号	污水处理运行成本	(1) 污水处理环节职工薪酬	(2) 直接材料费	(3) 动力费	(4) 折旧费	(5) 修理费	(6) 检验检测	(7) 其他
388	591	165	25	126	0	30	53	193
389	159	0	30	55	0	57	13	4
390	3452	517	1374	477	875	133	36	41
391	6779	1121	544	758	2461	1015	26	854
392	0	0	0	0	0	0	0	0
393	2551	235	672	588	838	12	149	56
394	1012	355	58	309	0	137	12	142
395	10899	1313	1943	2137	4401	919	33	153
396	5900	631	1681	1116	1927	294	23	227
397	1898	170	386	286	766	242	15	32
398	447	149	58	142	69	23	0	6
399	536	31	295	56	151	0	3	0
400	3564	410	503	854	63	0	0	1735
401	470	124	193	120	0	33	0	0
402	1127	190	210	217	470	20	12	7
403	2040	188	357	295	857	133	6	204
404	851	278	160	116	197	49	13	38
405	453	52	42	46	139	22	8	145
406	3046	270	1136	738	773	73	11	45
407	695	76	151	157	197	84	2	28
408	553	195	98	120	0	32	10	99
409	431	70	49	65	154	76	17	0
410	745	118	163	123	150	56	15	120
411	7756	1417	1195	1170	3348	233	34	358
412	418	35	122	72	153	2	9	26
413	359	86	52	79	106	18	5	13
414	1030	120	528	193	0	62	0	127
415	189	62	17	69	0	10	13	17
416	439	99	75	100	0	80	24	61
417	2161	349	798	436	462	114	2	0
418	441	63	149	152	0	7	48	22

续表

企业序号	污水处理运行成本	（1）污水处理环节职工薪酬	（2）直接材料费	（3）动力费	（4）折旧费	（5）修理费	（6）检验检测	（7）其他
419	261	80	107	56	2	8	10	0
420	473	43	229	93	0	90	8	9
421	5287	572	1564	1034	1011	733	45	328
422	1868	314	638	306	603	0	0	8
423	8511	140	4391	563	11	21	21	3363
424	4871	300	1312	698	999	1274	0	288
425	823	233	404	143	0	38	0	4
426	1679	606	414	129	304	132	11	84
427	467	168	155	50	20	55	19	0
428	1555	505	278	344	282	97	10	38
429	761	142	191	184	120	40	8	76
430	1445	3	191	330	562	2	0	357
431	0	0	0	0	0	0	0	0
432	1592	195	302	250	616	145	12	71
433	778	104	289	312	9	46	0	18
434	1566	168	459	195	586	127	0	30
435	499	53	52	84	237	67	6	0
436	4703	971	3	42	0	444	0	3243
437	443	75	108	142	0	49	23	46
438	752	83	208	143	302	0	11	5
439	1336	216	23	132	712	11	13	230
440	313	67	40	82	78	23	18	5
441	354	58	116	102	45	4	27	2
442	276	114	45	67	0	31	6	13
443	398	132	142	42	0	64	18	0
444	2499	341	59	621	1333	124	12	9
445	470	127	115	99	62	46	14	8
446	281	54	64	62	69	17	14	0
447	4037	729	421	925	101	175	28	1658
448	620	96	54	77	366	9	4	14

3. 重点调查企业污泥处理成本费用汇总表

附表3：　　　　　城市污水处理企业污泥处理成本汇总表　　单位：万元、万立方米

企业序号	2019年污水处理量	年污水设计处理量	污泥处置成本	（1）职工薪酬	（2）直接材料费	（3）动力费	（4）折旧费	（5）修理费	（6）检验检测	（7）运费	（8）其他
1	130227	150745	0	0	0	0	0	0	0	0	0
2	136742	157352	0	0	0	0	0	0	0	0	0
3	31940	99	1273	0	0	0	0	0	0	1273	0
4	15361	16425	6094	4533	49	89	1133	164	0	0	127
5	3023	3600	54	0	0	0	0	0	0	54	0
6	237	730	0	0	0	0	0	0	0	0	0
7	3086	3650	2232	448	551	396	509	95	13	160	61
8	10620	11680	1827	0	0	0	0	22	0	1805	0
9	1813	2409	25	0	0	0	0	20	0	5	0
10	4863	5840	879	0	0	0	0	0	0	879	0
11	10858	13505	1173	0	0	0	0	0	0	1173	0
12	7587	10585	0	0	0	0	0	0	0	0	0
13	5555	7300	754	0	0	0	0	0	0	0	754
14	821	720	0	0	0	0	0	0	0	0	0
15	8079	9490	182	0	0	0	0	0	0	182	0
16	417	548	0	0	0	0	0	0	0	0	0
17	913	2099	0	0	0	0	0	0	0	0	0
18	2218	10	844	0	0	0	0	0	0	844	0
19	520	548	289	41	0	0	0	0	0	248	0
20	2792	3650	285	94	5	129	0	56	0	0	0
21	1201	1460	0	0	0	0	0	0	0	0	0
22	2626	3650	43	0	0	0	0	0	0	43	0
23	4385	4380	120	0	0	0	0	0	0	120	0
24	2029	4380	42	0	0	0	0	0	0	42	0
25	1104	3	8	0	0	0	0	0	0	8	0
26	496	730	0	0	0	0	0	0	0	0	0
27	2954	2920	103	0	0	0	0	0	0	103	0
28	4281	4380	75	0	0	0	0	0	0	75	0

续表

企业序号	2019年污水处理量	年污水设计处理量	污泥处置成本	（1）职工薪酬	（2）直接材料费	（3）动力费	（4）折旧费	（5）修理费	（6）检验检测	（7）运费	（8）其他
29	3023	2920	0	0	0	0	0	0	0	0	0
30	964	1095	0	0	0	0	0	0	0	0	0
31	843	1095	4	0	0	0	0	0	0	4	0
32	3454	3560	168	14	24	49	39	15	0	27	0
33	543	2	32	14	3	4	0	4	2	0	5
34	1150	1278	33	0	0	0	0	0	0	33	0
35	880	1095	0	0	0	0	0	0	0	0	0
36	2806	3294	0	0	0	0	0	0	0	0	0
37	431	1460	0	0	0	0	0	0	0	0	0
38	2735	3833	0	0	0	0	0	0	0	0	0
39	3224	3650	21	0	0	0	0	0	0	21	0
40	538	1095	8	0	0	0	0	0	0	8	0
41	2522	3285	63	0	0	0	0	0	0	63	0
42	2998	3650	25	0	0	0	0	0	0	25	0
43	3635	5475	49	0	49	0	0	0	0	0	0
44	1800	2920	25	0	0	0	0	0	0	25	0
45	2458	3650	22	0	0	0	0	0	0	22	0
46	7165	7300	428	0	0	0	0	0	0	105	323
47	3263	3650	202	0	0	0	0	0	0	50	153
48	1105	1825	47	0	0	0	0	0	0	14	33
49	3750	4380	190	0	0	0	0	0	0	190	0
50	1036	3	0	0	0	0	0	0	0	0	0
51	5861	7300	1125	0	0	0	0	0	0	1125	0
52	45984	50370	0	0	0	0	0	0	0	0	0
53	802	3	0	0	0	0	0	0	0	0	0
54	2723	3650	20	0	0	0	0	0	0	20	0
55	5558	5475	954	0	0	0	0	0	0	954	0
56	8624	10950	1708	0	0		0	0	0	137	1571
57	4227	5475	0	0	0	0	0	0	0	0	0
58	700	730	0	0	0	0	0	0	0	0	0

续表

企业序号	2019年污水处理量	年污水设计处理量	污泥处置成本	(1)职工薪酬	(2)直接材料费	(3)动力费	(4)折旧费	(5)修理费	(6)检验检测	(7)运费	(8)其他
59	3008	10	8	0	0	0	0	1	0	7	0
60	2907	10	304	25	94	78	81	18	2	6	0
61	502	1460	7	4	3	0	0	0	0	0	0
62	531	1095	49	0	9	0	0	0	0	40	0
63	10785	11863	0	0	0	0	0	0	0	0	0
64	1867	4392	66	0	0	0	0	0	0	66	0
65	593	1825	35	0	0	0	0	0	0	35	0
66	10839	11863	0	0	0	0	0	0	0	0	0
67	7111	7315	201	0	0	0	0	0	0	201	0
68	1685	2190	0	0	0	0	0	0	0	0	0
69	2722	3600	0	0	0	0	0	0	0	0	0
70	3411	3422	126	0	0	0	0	0	0	126	0
71	1129	1825	403	0	0	0	0	0	0	403	0
72	635	1095	0	0	0	0	0	0	0	0	0
73	927	730	209	0	0	0	0	0	0	70	139
74	651	1460	89	0	0	0	0	0	42	47	0
75	549	730	0	0	0	0	0	0	0	0	0
76	626	3650	11	0	0	0	0	0	0	11	0
77	184	184	3	0	0	0	0	0	0	3	0
78	67	183	9	0	0	0	0	0	0	9	0
79	31	77	8	0	0	0	0	0	0	8	0
80	5822	7300	0	0	0	0	0	0	0	0	0
81	1242	1229	36	0	0	0	0	0	0	36	0
82	609	720	54	0	0	0	0	0	0	54	0
83	811	1095	6	0	0	6	0	0	0	0	0
84	4377	7300	0	0	0	0	0	0	0	0	0
85	7300	7300	0	0	0	0	0	0	0	0	0
86	863	913	21	0	0	0	0	0	0	21	0
87	6867	7756	10453	3419	0	630	3073	2196	0	0	1134
88	206355	205860	60984	22717	1580	11772	276	14611	3016	1000	6013

续表

企业序号	2019年污水处理量	年污水设计处理量	污泥处置成本	(1) 职工薪酬	(2) 直接材料费	(3) 动力费	(4) 折旧费	(5) 修理费	(6) 检验检测	(7) 运费	(8) 其他
89	13942	15513	6438	461	479	837	0	847	0	1690	2125
90	12084	14564	3870	597	36	97	174	848	23	220	1876
91	18125	18798	10338	1422	0	519	2398	0	745	3987	1266
92	3007	2537	0	0	0	0	0	0	0	0	0
93	5434	7592	5446	1194	0	357	1545	506	7	55	1782
94	6515	7320	1202	0	0	0	0	0	0	1202	0
95	48889	49100	7555	0	0	0	0	0	0	7555	0
96	2977	3650	718	0	0	0	0	0	0	718	0
97	19887	23250	19608	1090	0	764	16086	973	76	0	618
98	5625	5475	56	0	0	0	0	0	0	56	0
99	2437	2555	35	0	0	0	0	0	0	35	0
100	6045	6023	176	0	0	0	0	0	0	176	0
101	19527	20440	12246	1265	63	1621	5576	885	770	22	2045
102	7357	22	900	59	369	0	0	55	0	49	369
103	7770	9052	1823	0	0	0	0	0	0	0	1823
104	2344	2665	608	0	0	0	0	0	0	0	608
105	3157	3577	852	0	0	0	0	0	0	852	0
106	1795	2550	0	0	0	0	0	0	0	0	0
107	3755	4489	1750	0	0	0	0	0	0	1750	0
108	3909	5475	409	0	0	0	0	0	0	0	409
109	2344	3285	0	0	0	0	0	0	0	0	0
110	3627	4380	0	0	0	0	0	0	0	0	0
111	649	730	9	9	0	0	0	0	0	0	0
112	12804	0	9779	3253	0	0	5292	789	61	0	384
113	20301	21900	0	0	0	0	0	0	0	0	0
114	2986	3650	1167	347	0	301	0	385	0	0	133
115	5367	6480	0	0	0	0	0	0	0	0	0
116	26792	26910	16925	5237	0	3803	1780	5525	0	0	579
117	27038	23360	15647	2418	0	2046	7901	2982	9	0	291
118	2423	2920	0	0	0	0	0	0	0	0	0

续表

企业序号	2019年污水处理量	年污水设计处理量	污泥处置成本	(1) 职工薪酬	(2) 直接材料费	(3) 动力费	(4) 折旧费	(5) 修理费	(6) 检验检测	(7) 运费	(8) 其他
119	6945	7300	0	0	0	0	0	0	0	0	0
120	10540	11680	0	0	0	0	0	0	0	0	0
121	307	730	0	0	0	0	0	0	0	0	0
122	1978	2190	1021	150	0	61	613	176	0	0	22
123	5714	5840	0	0	0	0	0	0	0	0	0
124	1949	2190	0	0	0	0	0	0	0	0	0
125	3316	3650	0	0	0	0	0	0	0	0	0
126	10528	10220	6853	432	0	389	5521	181	2	0	330
127	12828	14600	1771	473	660	350	0	162	4	28	95
128	8816	6843	173	0	0	0	0	0	0	173	0
129	177	146	24	4	6	3	0	2	3	6	0
130	1729	1830	0	0	0	0	0	0	0	0	0
131	4816	5475	0	0	0	0	0	0	0	0	0
132	1113	1098	0	0	0	0	0	0	0	0	0
133	1432	1460	13	0	0	0	0	0	0	13	0
134	3365	5110	0	0	0	0	0	0	0	0	0
135	2063	3650	0	0	0	0	0	0	0	0	0
136	3922	4745	448	200	0	50	95	92	7	0	5
137	1291	1825	120	0	0	0	0	0	0	120	0
138	2712	2712	0	0	0	0	0	0	0	0	0
139	1726	1825	253	16	0	0	0	0	0	0	237
140	23541	32850	0	0	0	0	0	0	0	0	0
141	6439	23	7237	2487	56	566	182	126	205	0	3616
142	2344	2409	0	0	0	0	0	0	0	0	0
143	638	1095	0	0	0	0	0	0	0	0	0
144	5295	7300	88	0	0	0	0	0	0	88	0
145	555	670	0	0	0	0	0	0	0	0	0
146	6917	7200	0	0	0	0	0	0	0	0	0
147	1249	1098	208	0	0	0	0	0	0	208	0
148	5896	5460	39	0	0	0	0	0	0	39	0

续表

企业序号	2019年污水处理量	年污水设计处理量	污泥处置成本	(1) 职工薪酬	(2) 直接材料费	(3) 动力费	(4) 折旧费	(5) 修理费	(6) 检验检测	(7) 运费	(8) 其他
149	3264	7300	48	0	0	0	0	0	0	48	0
150	1899	1825	13	0	0	0	0	0	0	13	0
151	2246	2008	38	0	0	0	0	0	0	0	0
152	12378	10950	182	0	0	0	0	0	0	182	0
153	10705	10950	802	0	0	0	0	0	0	802	0
154	1070	1095	178	0	0	0	0	0	0	0	178
155	2863	2450	0	0	0	0	0	0	0	0	0
156	8142	8030	0	0	0	0	0	0	0	0	0
157	3958	3650	413	0	0	0	0	0	0	413	0
158	1211	1095	0	0	0	0	0	0	0	0	0
159	1104	2190	0	0	0	0	0	0	0	0	0
160	1731	2160	0	0	0	0	0	0	0	0	0
161	7243	9125	0	0	0	0	0	0	0	0	0
162	6407	7300	0	0	0	0	0	0	0	0	0
163	1263	1460	84	11	12	11	38	2	0	11	0
164	2846	3687	65	0	0	0	0	0	0	65	0
165	1791	2920	29	0	0	0	0	0	0	29	0
166	264	365	7	0	0	0	0	0	0	5	2
167	1231	1825	14	0	0	0	0	0	0	14	0
168	4190	5475	141	0	0	0	0	0	0	141	0
169	3358	3650	125	15	5	20	20	25	10	10	20
170	1777	2920	1	0	0	0	0	0	0	1	0
171	2112	2920	1	0	0	0	0	0	0	1	0
172	352	913	0	0	0	0	0	0	0	0	0
173	1409	1825	295	16	10	3	46	7	0	213	0
174	8608	9125	1411	0	572	0	11	0	0	316	512
175	775	913	0	0	0	0	0	0	0	0	0
176	845	1460	0	0	0	0	0	0	0	0	0
177	22343	25185	0	0	0	0	0	0	0	0	0
178	1299	1460	0	0	0	0	0	0	0	0	0

续表

企业序号	2019年污水处理量	年污水设计处理量	污泥处置成本	(1) 职工薪酬	(2) 直接材料费	(3) 动力费	(4) 折旧费	(5) 修理费	(6) 检验检测	(7) 运费	(8) 其他
179	33571	35128	8336	0	1118	98	0	235	0	1153	5732
180	498	913	20	0	0	0	0	0	0	20	0
181	1456	2008	230	0	0	0	0	0	0	0	230
182	793	913	0	0	0	0	0	0	0	0	0
183	6219	7118	420	0	0	0	0	0	0	420	0
184	1607	1643	0	0	0	0	0	0	0	0	0
185	826	912	0	0	0	0	0	0	0	0	0
186	3882	4745	362	0	0	0	0	0	0	362	0
187	4653	5475	411	0	0	0	0	0	0	411	0
188	1499	1825	0	0	0	0	0	0	0	0	0
189	1098	1095	22	0	0	0	0	0	0	22	0
190	4604	7300	36	0	0	0	0	0	0	36	0
191	5251	7300	106	0	0	0	0	69	2	33	1
192	0	0	83	0	0	0	0	0	6	77	0
193	17766	18250	0	0	0	0	0	0	0	0	0
194	540	548	28	0	0	0	0	0	0	28	0
195	1306	1460	0	0	0	0	0	0	0	0	0
196	326	1	5	0	0	0	0	0	0	5	0
197	2318	2920	33	0	0	0	0	0	0	33	0
198	2614	2920	0	0	0	0	0	0	0	0	0
199	361	365	0	0	0	0	0	0	0	0	0
200	2217	2190	8	0	0	0	0	0	0	8	0
201	3376	3650	27	0	0	0	0	0	0	7	20
202	1137	1460	0	0	0	0	0	0	0	0	0
203	365	365	5	0	0	0	0	0	0	5	0
204	2311	2190	0	0	0	0	0	0	0	0	0
205	3039	2920	46	46	0	0	0	0	0	0	0
206	1507	1644	638	37	0	171	0	44	0	386	0
207	725	730	8	0	0	0	0	0	0	8	0
208	4170	4502	0	0	0	0	0	0	0	0	0

续表

企业序号	2019年污水处理量	年污水设计处理量	污泥处置成本	（1）职工薪酬	（2）直接材料费	（3）动力费	（4）折旧费	（5）修理费	（6）检验检测	（7）运费	（8）其他
209	1359	1460	346	0	0	0	0	0	0	0	346
210	993	913	238	14	46	23	25	2	15	107	5
211	1	1	8	1	1	1	1	1	1	1	1
212	3808	3650	42	0	0	0	0	0	0	42	0
213	29265	31025	481	0	0	0	0	0	0	481	0
214	423	730	6	0	0	0	0	0	0	6	0
215	8584	8395	831	0	0	0	0	0	0	831	0
216	222	245	47	0	0	0	0	0	1	46	0
217	885	1082	100	0	0	0	0	0	0	0	100
218	3610	3550	252	0	0	0	0	0	0	0	252
219	400	442	45	0	0	0	0	0	0	32	12
220	473	562	271	36	46	52	98	8	8	19	4
221	386	1460	21	0	0	0	0	0	0	21	0
222	2104	2190	436	0	0	0	0	0	0	436	0
223	1398	1460	255	18	65	27	0	2	2	141	0
224	947	913	79	6	3	18	10	3	1	2	37
225	106	365	4	0	0	0	0	0	4	0	0
226	2864	2928	23	0	0	0	0	0	0	23	0
227	1003	1095	8	0	0	0	0	0	0	8	0
228	402	548	43	0	0	0	0	0	0	43	0
229	1434	2555	167	0	0	0	0	0	0	167	0
230	105	730	148	8	4	27	22	3	13	38	34
231	4762	5475	32	0	0	0	0	0	0	32	0
232	720	1095	174	41	5	70	53	3	2	0	0
233	1256	3285	0	0	0	0	0	0	0	0	0
234	2989	4380	0	0	0	0	0	0	0	0	0
235	5717	5840	141	0	0	0	0	0	0	141	0
236	4622	4555	205	0	0	0	0	0	0	205	0
237	1169	1460	41	0	0	0	0	0	0	41	0
238	3505	3650	0	0	0	0	0	0	0	0	0

续表

企业序号	2019年污水处理量	年污水设计处理量	污泥处置成本	（1）职工薪酬	（2）直接材料费	（3）动力费	（4）折旧费	（5）修理费	（6）检验检测	（7）运费	（8）其他
239	492	730	39	9	20	2	4	0	0	4	0
240	728	1095	3	0	0	0	0	0	0	3	0
241	4823	5040	59	0	0	0	0	0	0	59	0
242	730	730	38	0	0	0	0	0	0	38	0
243	5659	7300	1251	0	240	0	280	210	10	511	0
244	1720	2920	17	0	0	0	0	0	0	17	0
245	4316	5475	0	0	0	0	0	0	0	0	0
246	461	730	78	25	5	10	2	3	1	32	0
247	3521	10	159	0	0	0	0	0	0	159	0
248	4480	4928	0	0	0	0	0	0	0	0	0
249	9095	9125	311	0	91	0	0	0	0	171	48
250	1489	1825	0	0	0	0	0	0	0	0	0
251	1154	1095	0	0	0	0	0	0	0	0	0
252	2651	2920	118	0	0	0	0	0	0	118	0
253	2354	2920	87	0	0	0	0	0	0	87	0
254	1954	2190	76	0	0	0	0	0	0	76	0
255	1028	1095	52	0	0	0	0	0	0	52	0
256	792	730	70	0	0	0	0	0	0	0	70
257	792	730	139	17	0	32	36	24	0	31	0
258	4163	4320	1237	0	0	0	0	0	0	0	1237
259	11824	12775	2304	0	0	0	0	0	0	0	2304
260	827	1460	280	11	0	48	136	46	0	39	0
261	792	730	0	0	0	0	0	0	0	0	0
262	1408	1825	342	0	0	0	0	0	0	43	299
263	6839	7300	189	0	0	0	0	0	0	189	0
264	1826	1825	81	0	0	0	0	0	0	81	0
265	3632	3650	333	0	0	0	0	0	0	333	0
266	909	1095	24	0	0	0	0	0	0	24	0
267	1683	1460	816	0	0	0	0	0	0	114	702
268	786	840	25	2	6	0	0	0	0	15	2

续表

企业序号	2019年污水处理量	年污水设计处理量	污泥处置成本	（1）职工薪酬	（2）直接材料费	（3）动力费	（4）折旧费	（5）修理费	（6）检验检测	（7）运费	（8）其他
269	715	767	8	0	0	0	0	0	0	8	0
270	5561	5475	30	0	0	0	0	0	0	30	0
271	1217	1095	2	0	0	0	0	0	0	2	0
272	2119	1825	0	0	0	0	0	0	0	0	0
273	1112	1095	17	0	0	0	0	0	0	17	0
274	1440	1460	0	0	0	0	0	0	0	0	0
275	3702	3650	40	0	0	0	0	0	0	40	0
276	1095	1095	0	0	0	0	0	0	0	0	0
277	2242	2242	0	0	0	0	0	0	0	0	0
278	1109	3285	42	0	0	0	0	0	0	42	0
279	1144	1825	0	0	0	0	0	0	0	0	0
280	12775	10456	179	0	0	0	0	0	0	179	0
281	455	1080	0	0	0	0	0	0	0	0	0
282	1067	2190	24	0	0	0	0	0	0	24	0
283	8666	7300	60	0	0	0	0	0	0	60	0
284	2682	3796	600	600	0	0	0	0	0	0	0
285	16328	14600	5566	0	0	0	3748	0	0	44	1773
286	475	365	0	0	0	0	0	0	0	0	0
287	2008	2190	35	12	2	14	0	4	0	2	1
288	9110	9110	1579	236	284	258	0	49	0	748	4
289	1940	0	17	17	0	0	0	0	0	0	0
290	5379	3650	4	0	0	0	0	0	0	4	0
291	3723	3650	0	0	0	0	0	0	0	0	0
292	5129	15	0	0	0	0	0	0	0	0	0
293	759	1095	0	0	0	0	0	0	0	0	0
294	973	1095	0	0	0	0	0	0	0	0	0
295	1255	1825	0	0	0	0	0	0	0	0	0
296	961	1095	0	0	0	0	0	0	0	0	0
297	730	730	0	0	0	0	0	0	0	0	0
298	13825	14600	0	0	0	0	0	0	0	0	0

续表

企业序号	2019年污水处理量	年污水设计处理量	污泥处置成本	(1)职工薪酬	(2)直接材料费	(3)动力费	(4)折旧费	(5)修理费	(6)检验检测	(7)运费	(8)其他
299	1217	1460	64	0	0	0	0	0	0	64	0
300	38662	34583	41401	2203	0	0	14863	21343	0	1148	1844
301	18743	27010	1358	178	88	107	209	87	0	0	689
302	6932	7300	1841	4	0	652	661	316	11	64	133
303	1054	1278	70	10	4	13	21	10	3	8	1
304	1059	2190	27	0	0	0	0	0	0	0	27
305	1424	1460	8	0	0	0	0	0	0	8	0
306	1891	2190	157	0	0	0	0	0	0	157	0
307	1691	1825	296	23	26	6	79	8	0	154	0
308	1134	1095	64	7	21	3	3	10	3	14	3
309	1514	2190	0	0	0	0	0	0	0	0	0
310	10947	10950	574	85	87	61	181	27	2	0	131
311	743	1310	0	0	0	0	0	0	0	0	0
312	8320	8760	120	0	0	0	0	0	0	120	0
313	9089	11936	2890	128	0	57	61	9	0	37	2598
314	1136	2008	198	105	0	64	1	9	0	0	19
315	111390	114758	29617	2906	0	1448	19323	1772	0	2093	2075
316	68003	73000	0	0	0	0	0	0	0	0	0
317	10452	11352	2562	387	0	161	0	192	0	0	1822
318	7811	7811	0	0	0	0	0	0	0	0	0
319	1303	1347	0	0	0	0	0	0	0	0	0
320	1510	1460	0	0	0	0	0	0	0	0	0
321	1781	3650	0	0	0	0	0	0	0	0	0
322	4121	3650	0	0	0	0	0	0	0	0	0
323	236	548	227	21	9	0	100	0	0	48	49
324	87	91	0	0	0	0	0	0	0	0	0
325	1912	2920	42	0	34	0	0	0	0	4	4
326	238	365	26	0	0	0	0	0	0	26	0
327	46	110	18	11	0	0	1	0	0	5	0
328	3078	2920	126	0	0	0	0	0	0	126	0

续表

企业序号	2019 年污水处理量	年污水设计处理量	污泥处置成本	（1）职工薪酬	（2）直接材料费	（3）动力费	（4）折旧费	（5）修理费	（6）检验检测	（7）运费	（8）其他
329	3010	2920	0	0	0	0	0	0	0	0	0
330	1364	1825	26	0	0	0	0	0	0	26	0
331	5368	5475	495	0	0	0	0	0	0	45	450
332	800	1460	0	0	0	0	0	0	0	0	0
333	1200	4920	23	0	0	0	0	0	0	23	0
334	346	365	0	0	0	0	0	0	0	0	0
335	277	493	0	0	0	0	0	0	0	0	0
336	5122	5293	752	113	0	210	0	357	0	9	386
337	178	365	27	0	1	1	10	1	0	13	0
338	708	913	79	0	0	0	0	0	0	0	79
339	3757	4263	0	0	0	0	0	0	0	0	0
340	2127	2920	32	0	0	0	0	0	0	19	14
341	2398	2190	0	0	0	0	0	0	0	0	0
342	1350	1825	0	0	0	0	0	0	0	0	0
343	3821	4015	168	0	0	0	0	0	0	168	0
344	814	711	37	0	0	0	0	0	0	37	0
345	4063	4709	0	0	0	0	0	0	0	0	0
346	11462	9855	1448	0	0	0	0	0	0	1448	0
347	44205	51100	5229	0	0	0	0	0	0	5229	0
348	4556	4380	0	0	0	0	0	0	0	0	0
349	2375	2555	1150	11	726	126	0	100	0	188	0
350	2424	2555	175	0	0	0	0	0	0	175	0
351	3113	3650	357	9	0	0	0	0	0	0	348
352	888	913	0	0	0	0	0	0	0	0	0
353	5736	7300	349	0	0	0	0	0	0	261	88
354	2792	3650	73	0	0	0	0	0	0	54	19
355	1523	1460	36	0	0	0	0	0	0	36	0
356	8751	9490	811	0	0	0	0	0	0	485	326
357	2785	5840	163	0	0	0	0	11	70	39	44
358	1207	0	0	0	0	0	0	0	0	0	0

续表

企业序号	2019年污水处理量	年污水设计处理量	污泥处置成本	(1)职工薪酬	(2)直接材料费	(3)动力费	(4)折旧费	(5)修理费	(6)检验检测	(7)运费	(8)其他
359	344	350	0	0	0	0	0	0	0	0	0
360	1435	4	1069	130	494	69	302	3	0	34	37
361	200	365	112	0	103	0	0	0	0	9	0
362	346	360	147	31	15	24	60	12	0	4	1
363	227	11	13	0	0	0	0	0	0	13	0
364	2450	4380	0	0	0	0	0	0	0	0	0
365	262	2	17	1	0	0	0	0	0	15	1
366	242	475	65	13	12	23	10	2	0	4	1
367	953	0	108	0	0	24	0	20	0	30	34
368	1103	1512	0	0	0	0	0	0	0	0	0
369	1742	3102	102	36	36	12	0	8	1	9	0
370	1276	2008	98	0	0	0	0	0	0	98	0
371	444	1095	0	0	0	0	0	0	0	0	0
372	2906	2920	0	0	0	0	0	0	0	0	0
373	393	474	0	0	0	0	0	0	0	0	0
374	203	219	157	35	25	12	46	3	5	10	21
375	185	438	2	0	0	0	0	0	0	2	0
376	1573	3285	489	0	353	0	0	0	0	136	0
377	498	1460	255	46	19	21	138	1	3	2	25
378	1632	2920	329	0	329	0	0	0	0	0	0
379	1027	1095	112	0	0	0	0	0	0	39	74
380	11714	40	0	0	0	0	0	0	0	0	0
381	1579	3650	0	0	0	0	0	0	0	0	0
382	1651	1825	35	0	0	0	0	0	0	35	0
383	10016	17338	0	0	0	0	0	0	0	0	0
384	2828	3650	32	0	0	19	0	2	0	9	1
385	383	913	7	0	0	0	0	0	0	7	0
386	1869	5	0	0	0	0	0	0	0	0	0
387	1795	4380	423	0	0	0	0	0	0	423	0
388	506	1460	0	0	0	0	0	0	0	0	0

续表

企业序号	2019年污水处理量	年污水设计处理量	污泥处置成本	（1）职工薪酬	（2）直接材料费	（3）动力费	（4）折旧费	（5）修理费	（6）检验检测	（7）运费	（8）其他
389	77	630	0	0	0	0	0	0	0	0	0
390	2446	2555	710	0	0	0	0	0	0	710	0
391	10459	14600	106	0	0	0	0	0	0	106	0
392	43	0	0	0	0	0	0	0	0	0	0
393	1983	3650	0	0	0	0	0	0	0	0	0
394	1387	1460	0	0	0	0	0	0	0	0	0
395	11982	7300	0	0	0	0	0	0	0	0	0
396	7578	7300	0	0	0	0	0	0	0	0	0
397	1798	1825	0	0	0	0	0	0	0	0	0
398	263	292	12	1	8	0	0	0	0	3	0
399	360	465	0	0	0	0	0	0	0	0	0
400	5416	5840	499	204	0	0	1	255	12	3	23
401	316	365	0	0	0	0	0	0	0	0	0
402	889	1095	275	0	218	0	0	0	0	57	0
403	2405	2920	0	0	0	0	0	0	0	0	0
404	696	730	0	0	0	0	0	0	0	0	0
405	340	730	214	25	22	20	61	8	4	29	45
406	1946	2190	648	36	178	42	16	9	3	362	2
407	388	730	51	0	1	0	0	37	0	12	0
408	436	547	0	0	0	0	0	0	0	0	0
409	164	292	16	7	3	0	4	2	0	0	0
410	297	438	0	0	0	0	0	0	0	0	0
411	7446	10038	223	0	0	0	0	0	0	223	0
412	304	730	5	0	0	0	0	0	0	5	0
413	253	2	6	0	0	0	0	0	0	6	0
414	1021	3	0	0		0	0	0	0	0	0
415	166	1	8	0	8	0	0	0	0	0	0
416	530	548	0	0	0	0	0	0	0	0	0
417	2348	2373	179	0	0	0	0	0	0	179	0
418	109	146	13	0	0	0	0	0	0	13	0

续表

企业序号	2019年污水处理量	年污水设计处理量	污泥处置成本	(1)职工薪酬	(2)直接材料费	(3)动力费	(4)折旧费	(5)修理费	(6)检验检测	(7)运费	(8)其他
419	38	183	0	0	0	0	0	0	0	0	0
420	355	365	3	0	0	3	0	0	0	0	0
421	2667	3650	78	0	0	0	0	0	0	78	0
422	1266	1460	165	100	30	34	0	0	0	0	0
423	1753	2190	885	0	0	0	0	0	0	885	0
424	2886	3650	69	0	0	0	0	0	0	69	0
425	495	730	0	0	0	0	0	0	0	0	0
426	259	730	24	0	0	0	0	0	0	24	0
427	129	183	12	6	0	2	1	2	0	2	0
428	1056	1460	391	29	261	18	10	16	4	55	0
429	582	730	267	20	43	88	100	2	0	10	5
430	1337	6000	96	0	0	0	0	0	0	96	0
431	0	0	0	0	0	0	0	0	0	0	0
432	564	1278	0	0	0	0	0	0	0	0	0
433	1020	1095	0	0	0	0	0	0	0	0	0
434	419	730	7	0	0	0	0	0	0	7	0
435	375	365	0	0	0	0	0	0	0	0	0
436	3739	4380	0	0	0	0	0	0	0	0	0
437	94	216	5	0	0	0	0	0	0	3	2
438	683	584	23	0	0	0	0	0	0	23	0
439	488	1460	79	0	0	0	0	0	0	38	41
440	424	0	1	0	0	0	0	0	0	1	0
441	615	730	35	10	1	15	2	8	0	0	0
442	371	730	5	0	0	0	0	0	0	5	0
443	152	219	4	0	0	0	0	0	0	4	0
444	2450	2920	0	0	0	0	0	0	0	0	0
445	376	548	0	0	0	0	0	0	0	0	0
446	258	292	2	0	0	0	0	1	0	1	0
447	3876	5110	0	0	0	0	0	0	0	0	0
448	329	730	0	0	0	0	0	0	0	0	0

4. 重点调查企业污水处理期间费用汇总表

附表 4：　　　　　　　　　　污水处理企业的期间费用汇总表　　　　　单位：万元、万立方米

企业序号	2019 年污水处理量	年污水设计处理量	期间费用	（1）管理费用	（2）销售费用	（3）财务费用
1	130227	150745	432	432	0	0
2	136742	157352	32769	13251	502	19016
3	31940	99	1309	647	0	662
4	15361	16425	6371	3733	0	2638
5	3023	3600	525	172	0	353
6	237	730	0	0	0	0
7	3086	3650	182	182	0	0
8	10620	11680	1737	1817	0	− 80
9	1813	2409	49	49	0	0
10	4863	5840	1775	1125	536	113
11	10858	13505	3001	1061	0	1941
12	7587	10585	3415	3418	0	− 3
13	5555	7300	854	278	0	576
14	821	720	97	97	0	0
15	8079	9490	1834	1723	0	111
16	417	548	0	0	0	0
17	913	2099	0	0	0	0
18	2218	10	646	403	0	243
19	520	548	14	14	0	0
20	2792	3650	405	414	0	− 9
21	1201	1460	385	192	0	193
22	2626	3650	380	401	0	− 21
23	4385	4380	842	428	0	414
24	2029	4380	119	119	0	0
25	1104	3	63	63	0	0
26	496	730	33	45	0	− 12
27	2954	2920	76	76	0	0
28	4281	4380	542	121	0	422
29	3023	2920	0	0	0	0

续表

企业序号	2019年污水处理量	年污水设计处理量	期间费用	（1）管理费用	（2）销售费用	（3）财务费用
30	964	1095	178	0	0	178
31	843	1095	135	83	0	53
32	3454	3560	175	176	0	−1
33	543	2	47	50	0	−3
34	1150	1278	756	220	0	536
35	880	1095	436	326	0	110
36	2806	3294	0	0	0	0
37	431	1460	287	108	0	179
38	2735	3833	844	271	0	573
39	3224	3650	132	132	0	0
40	538	1095	59	59	0	0
41	2522	3285	882	309	0	573
42	2998	3650	160	82	0	79
43	3635	5475	45	45	0	0
44	1800	2920	168	168	0	0
45	2458	3650	253	127	0	127
46	7165	7300	1027	1060	0	−33
47	3263	3650	347	298	0	49
48	1105	1825	249	228	0	20
49	3750	4380	1091	236	0	855
50	1036	3	366	371	0	−5
51	5861	7300	3979	455	0	3524
52	45984	50370	1543	1543	0	0
53	802	3	106	106	0	0
54	2723	3650	570	213	0	357
55	5558	5475	1549	87	0	1462
56	8624	10950	700	702	0	−2
57	4227	5475	1190	795	0	396
58	700	730	82	82	0	0
59	3008	10	228	225	0	3
60	2907	10	120	120	0	0

续表

企业序号	2019年污水处理量	年污水设计处理量	期间费用	（1）管理费用	（2）销售费用	（3）财务费用
61	502	1460	31	31	0	0
62	531	1095	431	121	0	310
63	10785	11863	1898	845	0	1053
64	1867	4392	688	260	0	428
65	593	1825	620	73	0	547
66	10839	11863	2396	845	0	1552
67	7111	7315	1621	313	0	1308
68	1685	2190	1610	940	671	−1
69	2722	3600	1323	174	112	1037
70	3411	3422	603	173	0	430
71	1129	1825	78	77	0	0
72	635	1095	658	41	0	616
73	927	730	90	90	0	0
74	651	1460	70	71	0	−2
75	549	730	37	37	0	−0.1
76	626	3650	278	226	0	51
77	184	184	14	12	2	0
78	67	183	14	10	0	4
79	31	77	5	5	0	0
80	5822	7300	2041	466	0	1575
81	1242	1229	383	69	0	314
82	609	720	106	107	0	−2
83	811	1095	59	59	0	0
84	4377	7300	2058	234	0	1824
85	7300	7300	1302	346	0	956
86	863	913	228	60	0	168
87	6867	7756	1704	1731	0	−27
88	206355	205860	5927	6695	38	−807
89	13942	15513	6720	2648	0	4072
90	12084	14564	4557	2925	7	1625
91	18125	18798	3889	4001	0	−113

续表

企业序号	2019年污水处理量	年污水设计处理量	期间费用	（1）管理费用	（2）销售费用	（3）财务费用
92	3007	2537	217	7	0	210
93	5434	7592	2680	1962	0	717
94	6515	7320	1669	321	0	1348
95	48889	49100	4177	1150	0	3027
96	2977	3650	1585	361	0	1224
97	19887	23250	13171	1872	0	11298
98	5625	5475	1104	884	0	220
99	2437	2555	372	352	0	20
100	6045	6023	839	284	36	519
101	19527	20440	8448	3425	152	4870
102	7357	22	1127	1133	0	−6
103	7770	9052	409	410	0	−1
104	2344	2665	371	372	0	−1
105	3157	3577	1474	1017	0	457
106	1795	2550	415	111	0	304
107	3755	4489	2191	661	0	1530
108	3909	5475	288	208	0	79
109	2344	3285	285	286	0	−1
110	3627	4380	1128	664	0	464
111	649	730	604	493	0	111
112	12804	0	5608	1624	1	3983
113	20301	21900	1911	986	0	926
114	2986	3650	1037	968	101	−32
115	5367	6480	360	376	0	−15
116	26792	26910	2614	1974	0	640
117	27038	23360	9485	4970	0	4515
118	2423	2920	18	18	0	0
119	6945	7300	664	545	0	119
120	10540	11680	787	792	0	−5
121	307	730	230	178	0	53
122	1978	2190	312	234	0	78

续表

企业序号	2019 年污水处理量	年污水设计处理量	期间费用	（1）管理费用	（2）销售费用	（3）财务费用
123	5714	5840	279	321	0	−43
124	1949	2190	295	223	0	72
125	3316	3650	227	231	0	−4
126	10528	10220	1006	901	0	106
127	12828	14600	2347	285	0	2062
128	8816	6843	3128	497	0	2630
129	177	146	26	25	0	1
130	1729	1830	293	102	0	191
131	4816	5475	1021	277	0	744
132	1113	1098	151	27	0	124
133	1432	1460	695	274	0	421
134	3365	5110	0	0	0	0
135	2063	3650	781	253	0	528
136	3922	4745	1000	242	0	759
137	1291	1825	283	302	0	−19
138	2712	2712	274	268	0	5
139	1726	1825	236	248	0	−12
140	23541	32850	12327	2031	0	10297
141	6439	23	7316	2412	168	4736
142	2344	2409	139	138	0	0
143	638	1095	484	133	0	351
144	5295	7300	1676	7	0	1669
145	555	670	247	10	0	237
146	6917	7200	1708	107	0	1600
147	1249	1098	7	7	0	0
148	5896	5460	1588	29	0	1559
149	3264	7300	25	25	0	0
150	1899	1825	645	42	0	603
151	2246	2008	557	392	0	165
152	12378	10950	2469	1654	1	814
153	10705	10950	28	28	0	0

续表

企业序号	2019年污水处理量	年污水设计处理量	期间费用	（1）管理费用	（2）销售费用	（3）财务费用
154	1070	1095	275	275	0	0
155	2863	2450	41	41	0	0
156	8142	8030	149	148	0	0
157	3958	3650	145	177	0	−32
158	1211	1095	3	4	0	−1
159	1104	2190	11	11	0	0
160	1731	2160	143	143	0	−1
161	7243	9125	1331	478	0	853
162	6407	7300	175	137	0	37
163	1263	1460	141	21	0	120
164	2846	3687	324	143	0	181
165	1791	2920	705	6	0	699
166	264	365	59	59	0	0
167	1231	1825	551	302	0	249
168	4190	5475	372	62	0	311
169	3358	3650	560	280	0	280
170	1777	2920	869	702	0	167
171	2112	2920	643	471	0	172
172	352	913	21	14	0	7
173	1409	1825	725	171	0	554
174	8608	9125	1693	440	0	1253
175	775	913	47	32	0	16
176	845	1460	52	35	0	17
177	22343	25185	9662	5731	0	3931
178	1299	1460	166	50	0	116
179	33571	35128	1636	1641	0	−5
180	498	913	452	169	0	283
181	1456	2008	367	368	0	0
182	793	913	207	117	0	90
183	6219	7118	2998	1406	0	1592
184	1607	1643	426	190	0	236

续表

企业序号	2019年污水处理量	年污水设计处理量	期间费用	（1）管理费用	（2）销售费用	（3）财务费用
185	826	912	258	60	0	198
186	3882	4745	1336	815	0	521
187	4653	5475	2347	1275	0	1072
188	1499	1825	413	236	0	178
189	1098	1095	264	57	0	207
190	4604	7300	501	489	0	12
191	5251	7300	249	162	0	88
192	0	0	0	0	0	0
193	17766	18250	1021	1080	0	−59
194	540	548	200	175	0	25
195	1306	1460	443	151	0	291
196	326	1	53	6	0	47
197	2318	2920	698	516	0	182
198	2614	2920	192	142	0	50
199	361	365	120	120	0	0
200	2217	2190	6	47	0	−41
201	3376	3650	663	236	0	426
202	1137	1460	99	0	0	99
203	365	365	63	7	0	56
204	2311	2190	117	41	0	75
205	3039	2920	361	188	0	173
206	1507	1644	152	42	30	81
207	725	730	0	0	0	0
208	4170	4502	384	395	0	−11
209	1359	1460	39	39	0	0
210	993	913	196	195	0	1
211	1	1	3	1	1	1
212	3808	3650	366	194	0	172
213	29265	31025	6133	3999	0	2134
214	423	730	4	4	0	0
215	8584	8395	1680	409	0	1271

续表

企业序号	2019 年污水处理量	年污水设计处理量	期间费用	（1）管理费用	（2）销售费用	（3）财务费用
216	222	245	6	6	0	0
217	885	1082	54	44	0	10
218	3610	3550	274	141	0	132
219	400	442	0	0	0	0
220	473	562	0	0	0	0
221	386	1460	401	47	0	354
222	2104	2190	265	155	0	109
223	1398	1460	123	123	0	0
224	947	913	181	94	0	87
225	106	365	103	2	0	101
226	2864	2928	343	311	0	31
227	1003	1095	348	125	0	223
228	402	548	118	46	0	72
229	1434	2555	608	135	0	473
230	105	730	244	230	0	14
231	4762	5475	184	189	0	−5
232	720	1095	105	83	0	23
233	1256	3285	229	229	0	0
234	2989	4380	618	620	0	−2
235	5717	5840	1787	58	0	1730
236	4622	4555	689	689	0	0
237	1169	1460	1200	143	0	1056
238	3505	3650	443	282	0	161
239	492	730	278	183	0	95
240	728	1095	414	31	0	383
241	4823	5040	543	346	0	197
242	730	730	224	89	0	135
243	5659	7300	950	731	0	219
244	1720	2920	328	62	0	266
245	4316	5475	154	112	0	42
246	461	730	283	220	0	63

续表

企业序号	2019 年污水处理量	年污水设计处理量	期间费用	（1）管理费用	（2）销售费用	（3）财务费用
247	3521	10	1923	1962	0	− 39
248	4480	4928	1072	523	0	550
249	9095	9125	1012	241	0	771
250	1489	1825	19	40	0	− 21
251	1154	1095	11	33	0	− 22
252	2651	2920	285	96	0	189
253	2354	2920	464	353	0	110
254	1954	2190	580	195	0	385
255	1028	1095	84	83	0	1
256	792	730	82	83	0	0
257	792	730	149	130	0	19
258	4163	4320	188	188	0	0
259	11824	12775	703	703	0	0
260	827	1460	443	133	0	311
261	792	730	154	155	0	− 1
262	1408	1825	161	57	0	104
263	6839	7300	496	227	0	269
264	1826	1825	318	188	0	130
265	3632	3650	1699	916	0	783
266	909	1095	171	142	0	29
267	1683	1460	157	126	0	31
268	786	840	16	16	0	0
269	715	767	165	7	0	158
270	5561	5475	782	632	180	− 30
271	1217	1095	12	12	0	0
272	2119	1825	242	241	0	0
273	1112	1095	59	47	0	12
274	1440	1460	436	89	0	347
275	3702	3650	653	142	0	511
276	1095	1095	118	116	0	2
277	2242	2242	301	145	0	156

续表

企业序号	2019年污水处理量	年污水设计处理量	期间费用	（1）管理费用	（2）销售费用	（3）财务费用
278	1109	3285	680	29	15	636
279	1144	1825	93	24	0	69
280	12775	10456	430	156	0	274
281	455	1080	0	0	0	0
282	1067	2190	222	189	0	33
283	8666	7300	24	36	0	− 12
284	2682	3796	3168	752	577	1839
285	16328	14600	742	484	0	257
286	475	365	135	80	0	54
287	2008	2190	476	476	0	0
288	9110	9110	765	765	0	0
289	1940	0	251	251	0	0
290	5379	3650	687	461	0	226
291	3723	3650	795	86	0	710
292	5129	15	992	453	0	539
293	759	1095	146	40	0	106
294	973	1095	167	34	0	133
295	1255	1825	300	88	0	212
296	961	1095	198	122	0	76
297	730	730	130	41	0	89
298	13825	14600	− 677	584	0	− 1261
299	1217	1460	172	126	0	47
300	38662	34583	7115	2865	0	4250
301	18743	27010	5946	1423	0	4523
302	6932	7300	2717	891	45	1781
303	1054	1278	487	161	22	305
304	1059	2190	248	176	0	72
305	1424	1460	339	140	0	198
306	1891	2190	359	359	0	0
307	1691	1825	370	102	0	269
308	1134	1095	155	81	0	74

续表

企业序号	2019年污水处理量	年污水设计处理量	期间费用	（1）管理费用	（2）销售费用	（3）财务费用
309	1514	2190	64	59	0	4
310	10947	10950	1168	1168	0	0
311	743	1310	519	523	0	−3
312	8320	8760	692	642	0	50
313	9089	11936	1976	1952	27	−2
314	1136	2008	285	299	0	−14
315	111390	114758	27244	24482	0	2762
316	68003	73000	14636	6583	0	8053
317	10452	11352	3091	2096	0	995
318	7811	7811	916	937	0	−22
319	1303	1347	391	391	0	0
320	1510	1460	304	289	0	14
321	1781	3650	268	178	0	91
322	4121	3650	883	285	0	598
323	236	548	313	247	0	67
324	87	91	11	8	0	3
325	1912	2920	1156	483	0	672
326	238	365	13	13	0	0
327	46	110	4	4	0	0
328	3078	2920	203	203	0	0
329	3010	2920	432	125	0	306
330	1364	1825	272	272	0	−1
331	5368	5475	1280	345	0	935
332	800	1460	72	73	0	−1
333	1200	4920	30	31	0	0
334	346	365	26	25	0	1
335	277	493	78	78	0	0
336	5122	5293	293	293	0	0
337	178	365	43	42	0	1
338	708	913	55	60	0	−5
339	3757	4263	1173	263	0	910

续表

企业序号	2019 年污水处理量	年污水设计处理量	期间费用	（1）管理费用	（2）销售费用	（3）财务费用
340	2127	2920	227	227	0	1
341	2398	2190	0	0	0	0
342	1350	1825	0	0	0	0
343	3821	4015	367	192	0	175
344	814	711	37	118	0	−81
345	4063	4709	1567	720	113	734
346	11462	9855	1473	687	0	786
347	44205	51100	11069	3296	0	7773
348	4556	4380	875	531	0	344
349	2375	2555	280	283	0	−3
350	2424	2555	895	896	0	−1
351	3113	3650	1004	1004	0	0
352	888	913	357	104	0	253
353	5736	7300	858	307	0	551
354	2792	3650	276	326	0	−50
355	1523	1460	182	36	0	146
356	8751	9490	571	107	0	464
357	2785	5840	141	10	0	131
358	1207	0	0	0	0	0
359	344	350	0	0	0	0
360	1435	4	274	180	0	94
361	200	365	94	85	0	10
362	346	360	6	6	0	0
363	227	11	13	13	0	0
364	2450	4380	431	414	0	17
365	262	2	4	4	0	0
366	242	475	39	27	0	12
367	953	0	37	37	0	0
368	1103	1512	416	416	0	0
369	1742	3102	259	264	0	−5
370	1276	2008	39	40	0	0

续表

企业序号	2019年污水处理量	年污水设计处理量	期间费用	（1）管理费用	（2）销售费用	（3）财务费用
371	444	1095	202	198	0	4
372	2906	2920	173	173	0	0
373	393	474	187	187	0	0
374	203	219	0	0	0	0
375	185	438	11	11	0	0
376	1573	3285	901	535	366	0
377	498	1460	136	94	0	42
378	1632	2920	0	0	0	0
379	1027	1095	323	254	0	68
380	11714	40	3331	448	0	2884
381	1579	3650	150	150	0	0
382	1651	1825	563	125	0	438
383	10016	17338	8271	4796	0	3475
384	2828	3650	846	283	0	563
385	383	913	605	112	0	493
386	1869	5	588	243	0	345
387	1795	4380	45	45	0	0
388	506	1460	374	365	0	8
389	77	630	14	14	0	0
390	2446	2555	510	512	0	−3
391	10459	14600	1466	1475	0	−9
392	43	0	0	0	0	0
393	1983	3650	576	574	0	3
394	1387	1460	471	465	0	6
395	11982	7300	5470	795	0	4675
396	7578	7300	2125	777	0	1349
397	1798	1825	811	668	0	144
398	263	292	84	86	0	−2
399	360	465	148	14	0	134
400	5416	5840	1005	431	0	575
401	316	365	15	15	0	0

续表

企业序号	2019年污水处理量	年污水设计处理量	期间费用	（1）管理费用	（2）销售费用	（3）财务费用
402	889	1095	413	246	0	168
403	2405	2920	787	134	0	652
404	696	730	227	171	0	57
405	340	730	72	51	0	22
406	1946	2190	598	598	0	0
407	388	730	631	632	0	−1
408	436	547	32	32	0	0
409	164	292	113	70	0	43
410	297	438	55	55	0	0
411	7446	10038	2386	312	0	2074
412	304	730	165	8	0	157
413	253	2	77	77	0	0
414	1021	3	1554	1401	0	153
415	166	1	0	0	0	0
416	530	548	0	0	0	0
417	2348	2373	52	53	0	0
418	109	146	0	0	0	0
419	38	183	13	13	0	0
420	355	365	24	24	0	0
421	2667	3650	105	105	0	0
422	1266	1460	1188	1190	0	−2
423	1753	2190	88	87	0	1
424	2886	3650	0	0	0	0
425	495	730	41	40	0	1
426	259	730	6	6	0	0
427	129	183	0	0	0	0
428	1056	1460	0	0	0	0
429	582	730	8	8	0	0
430	1337	6000	432	5	0	427
431	0	0	0	0	0	0
432	564	1278	99	99	0	0

续表

企业序号	2019年污水处理量	年污水设计处理量	期间费用	（1）管理费用	（2）销售费用	（3）财务费用
433	1020	1095	50	50	0	0
434	419	730	377	377	0	0
435	375	365	176	176	0	0
436	3739	4380	959	965	0	−5
437	94	216	79	59	0	21
438	683	584	427	96	0	331
439	488	1460	77	79	0	−2
440	424	0	99	91	5	3
441	615	730	266	62	1	204
442	371	730	398	103	0	295
443	152	219	46	46	0	0
444	2450	2920	880	357	0	523
445	376	548	9	9	0	0
446	258	292	2	2	0	0
447	3876	5110	566	0	0	566
448	329	730	0	0	0	0

5. 污水处理厂运行成本计算书

污水处理厂运行成本计算书　　　　年　月　日编制

本污水处理厂固定资产：	H		万元
本污水处理厂日处理水量：	Q		吨
1. 能源费			
1.1 电费			
本工程单位耗电量：	k		kw
电费取费：	m_1		元/KW·h
每天总电量：$W = Q \times k$	W		KW·h
每天运行电费：$a_1 = W \times m_1$	a_1		元
吨水运行电费：$a_2 = a_1 \div Q$	a_2		元/吨
年运行电费：$b_1 = a_1 \times 365 \times 10^{-4}$	b_1		万元
1.2 基本电费			

续表

变压器功率:	σ		KV·A
单位价格:	m_2		元/KV·A
年基本电费:$b_2 = \sigma \times m_2 \times 12 \times 10^{-4}$	b_2		万元/年
1.3 水费			
日用水量:	t_1		吨
单位价格:	m_3		元/吨
年水费:$b_3 = t_1 \times m_3 \times 365 \times 10^{-4}$	b_3		万元/年
1.4 能源费用总计			
全年能源费合计为:$A_1 = b_1 + b_2 + b_3$	A_1		万元
2. 药剂费			
2.1 污泥脱水			
日产泥量:	n		吨
单位药耗:	e_1		Kg
单位价格:	m_4		元/Kg
絮凝剂 PAM 投加量为:$f = e \times n$	f		kg/天
每天药剂费用为:$p = m_4 \times f$	p		元
全年药剂费用为:$c_1 = p \times 365 \times 10^{-4}$	c_1		万元
2.2 化验药品费			
单位药耗:	e_2		元/吨
年化验药品费为:$c_2 = e_2 \times Q \times 365 \times 10^{-4}$	c_2		万元
2.3 除磷药剂费			
单位药耗:	e_3		元/吨
年除磷药剂费用为:$c_3 = e_3 \times Q \times 365 \times 10^{-4}$	c_3		万元
2.4 全年药剂费合计为:			
全年药剂费合计为:$A_2 = c_1 + c_2 + c_3$	A_2		万元
3. 运输费及垃圾处理费			
3.1 运输费			
运输单价:	m_5		元/吨
全年运输费用为:$d_1 = n \times m_5 \times 365 \times 10^{-4}$	d_1		万元
3.2 污泥处理费			
处置成本:	m_6		元/吨
全年污泥处置费用为:$d_2 = n \times m_6 \times 365 \times 10^{-4}$	d_2		万元
3.3 运输费及垃圾处理费合计			

续表

项目	符号		单位
全年运输费及污泥处理费合计为：$A_3 = d_1 + d_2$	A_3		万元
4. 管理人员工资和福利费			
污水厂人员定员、组成和工资、福利标准见附表1：			
全年管理人员工资和福利费合计为：	A_4		万元
5. 日常维护费			
取费比例：	ρ_1		万元/年
日常维护费为：$A_5 = H \times \rho_1$	A_5		万元
6. 污水处理厂年直接运行费用为：			
$B_1 = A_1 + A_2 + A_3 + A_4 + A_5$	B_1		万元
7. 管理费			
管理费包括办公费、保险费、差旅费、研究试验费、会议费等费用			
取费比例：	ρ_2		
年管理费用为：$A_6 = B \times \rho_2$	A_6		万元
8. 运行成本（不含税收和大修）			
污水处理厂全年运行成本：$B_2 = B_1 + A_6$	B_2		万元
9. 运营利润			
利润比例：	ρ_3		
年运营利润为：$B_3 = B_2 \times \rho_3$	B_3		万元
10. 大修费用			
取值比例：	ρ_4		
年大修费用为：$B_4 = H \times \rho_4$	B4		万元
11. 总运营成本和单位运营成本为（不含大修费）			
不含大修费总运营成本为：$C_1 = B_2 + B_3$	C_1		万元/年
不含大修费单位运营成本为：$d_1 = C_1 \div Q \div 365 \times 10^{-4}$	d_1		元/吨
12. 总运营成本和单位运营成本为（含大修费）			
含大修费总运营成本为：$C_2 = C_1 + B_4$	C_2		万元/年
含大修费单位运营成本为：$d_2 = C_2 \div Q \div 365 \times 10^{-4}$	d_2		元/吨

参考文献

1. Alberto Asquer. Liberalization and regulatory reform of network industries: A comparative analysis of Italian public utilities [J]. Utilities Policy, 2011 (19): 174 – 182.

2. Andres J, Picazo – Tadeoa, Franciso J, Saez – Fernandez, Francisco Gonzalez – Gomez. Does service quality matter in measuring the performance of water utilities? [J]. Utilities Policy, 2008 (16): 30 – 38.

3. Araral E. The failure of water utilities privatization: Synthesis of evidence, analysis and implications [J]. Policy and Society, 2009 (27): 221 – 228.

4. Asian Development Bank. 1997a. Guidelines for the Economic Analysis of Projects: Asian Development Bank. Manila.

5. Asian Development Bank. 1997b. Water Tariff Structure and Financial Policies of Water Enterprises: Indonesia Final Report (TA 2501 – INO). Manila.

6. Averch, H, and L. O. Johnson. 1962. "Behavior of the Firm under Regulatory Constraint." American.

7. Bahl, R, and J. Linn. 1992. Urban Public Finance in Developing Countries. New York: Oxford University Press for the World Bank.

8. Baltimore, MD: Johns Hopkins University Press for The World Bank.

9. Bank. ERD Technical Note Series No. 9, Economics and Research Department, Asian Development.

10. Bank. Manila.

11. Baumol, W. J. 1982. "Contestable Markets: An Uprising in the Theory of Industry Structure." American.

12. Baumol. W. J, E. Baileye, and R. D. Willig. 1977. "Weak Invisible Hand Theorems on Pricing and Entry.

13. Boisvert, R, and T. Schmidt. 1997. "Trade – off Between Economies of Size in Treatment and Diseconomies of Distribution for Rural Water Systems. ": Agricultural and Resource Economics Review 27 (2): 237 – 247.

14. Coase, R. H. 1946. "The Marginal Cost Controversy. ": Economica 13: 169 – 182.

15. Courville, L. 1974. "Regulation and Efficiency in the Electric Utility Industry. " Bell Journal of Economics and Management Science 5 (1): 53 – 74.

16. Demsetz, H. 1968 "Why Regulate Utilities?" Journal of Law and Economics 11 (1): 55 – 65.

17. Demsetz, H. "Why Regulate Utilities?" Journal of Law and Economics. 1968 [J]. 11 (1): 55 – 65.

18. Dole, D, and I. Bartlett. 2004. Beyond Cost Recovery: Setting User Charges for Financial, Economic, and Social Goals. ERD Technical Note Series No. 10, Economics and Research Department, Asian Development Bank. Manila.

19. Dole, D. 2003. Setting User Charges for Public Services: Policies and Practice at the Asian Development.

20. Dole, D., and E. Balucan. 2006. Setting User Charges for Urban Water Supply: A Case Study of the Metropolitan Cebu Water District in the Philippines. ERD Technical Note Series No. 17, Economicsand esearch Department, Asian Development Bank. Manila.

21. Easter, K. W., and G. Feder. 1997. "Water Institutions, Incentives, and Markets. " In D. Parker and T. Yacov, eds, Decentralization and Coordination of Water Resource Management. Boston: KluwerAcademic Publishing.

22. Economic Review 52: 1052 – 1069.

23. Economic Review 72 (1): 1 – 15.

24. Economics and Management Science 3 (1): 98 – 129.

25. Feldstein, M. 1972. "Distributional Equity and the Optimal Structure of Public Prices. ": American Economic Review 62 (1): 32 – 36.

26. FENG Y, FENG J K, LEE, J H, LU C C, CHIU Y H. UNDESIRABLE OUTPUT IN EFFICIENCY: EVIDENCE FROM WASTEWATER TREATMENT PLANTS IN CHINA [J]. APPLIED ECOLOGY AND ENVIRONMENTAL RESEARCH, 2019 (4): 9279 – 9290.

27. GEORGE R G CLARKE, CLAUDE MENARD. Measuring the Welfare Effects of Reform: Urban Water Supply in Guinea [J]. World Development, 2002, 30 (9): 1517 - 1537.

28. Gunatilake, H, and M. J. Carangal - San Jose. 2008. Privatization Revisited: Lessons from Private Sector Participation in Water Supply and Sanitation in Developing Countries. ERD Working Paper Series No. 115, Economics and Research Department, Asian Development Bank, Manila.

29. Gunatilake, H, J. Yang, S. Pattanayak, and C. van den Berg. 2006. Willingness - to - Pay and Design of Water.

30. Gunatilake, H., J. Yang, S. Pattanayak, and K. Choe. 2007. Good Practices for Estimating Reliable Willingness - to - Pay in the Water Supply and Sanitation Sector. ERD Technical Note Series No. 23, Economics and Research Department, Asian Development Bank, Manila.

31. Hall, D. C. 2000. 《Public Choice and Water Rate Design,》 in A. Dinar, ed. The Political Economy of Water.

32. Hotelling, H. 1938. "The General Welfare in Relation to Problems of Taxation and of Railway and Utility.

33. in a Multiproduct Natural Monopoly. " American Economic Review 67: 350 - 365.

34. Industries. Technical Paper No. 13, University of Bath School of Management, United Kingdom. Vogelsang, I., and J. Finsinger. 1979. " A Regulatory Adjustment Process for Optimal Pricing by Multiproduct Monopoly Firms. " Bell Journal of Economics 10: 157 - 171.

35. Kim, H. Y. 1987. "Economies of Scale in Multi - Product Firms: An Empirical Analysis. " Economica.

36. Mann, P, R. Saunders, and J. Warford. 1980. " A Note on Capital Indivisibility and the Definition of.

37. Mann, P. 1993. Water Utility Regulation: Rates and Cost Recovery. " Reason Foundation Policy Study No.

38. Marginal Cost. " Water Resources Research 16 (3): 602 - 604.

39. MIT Press. Turvey, R. 2001. What are the Marginal Costs and How to Estimate Them? Centre for the Study of Regulated.

40. Munasinghe, M. 1979. The Economics of Power System Reliability and Planning: Theory and Case Study.

41. Munasinghe, M. 1992. Water Supply and Environmental Management: Developing World Applications.

42. Ng, Y. K. 1987. "Equity, Efficiency and Financial Viability: Public – Utility Pricing with Special Reference.

43. Posner R. 1972. "The Appropriate Scope of Regulation in Cable Television Industry." Bell Journal of.

44. Pricing Reforms. New York: Oxford University Press.

45. Pricing: Problems of Application in the Water Supply Sector. World Bank Staff Working Paper No. 259, The World Bank, Washington, DC.

46. R. Fuentes, M. Molinos – Senante, F. Hernandez – Sancho, R. Sala – Garrido. Analysing the efficiency of wastewater treatment plants: The problem of the definition of desirable outputs and its solution [J]. Journal of Cleaner Production, 2020 (267).

47. Ramsey, F. 1927. "A Contribution to the Theory of Taxation.": Economic Journal 37: 47 – 61.

48. Rates." Econometrica 6: 242 – 269.

49. Ronggang Zhang, Ching – Cheng Lu, Jen – Hui Lee, Ying Feng, Yung – Ho Chiu. Dynamic Environmental Efficiency Assessment of Industrial Water Pollution [J]. sustainability, 2019 (1): 3053.

50. Russell, C, and B. Shin. 1996a. "Public Utility Pricing: Theory and Practical Limitations." Advances in.

51. Russell, C, and B. Shin. 1996b. "An Application and Evaluation of Competing Marginal Cost Pricing pproximations. Advances in the Economics of Environmental Resources 1: 141 – 164.

52. Saunders, R., J. J. Warford, and P. C. Mann. 1977. Alternative Concepts of Marginal Cost or Public Utility.

53. Sharkey, W. 1982. The Theory of Natural Monopoly. Cambridge, MA: Cambridge University Press.

54. Studies in Water Policy and Management. Boulder, CO: Westview Press.

55. Supply and Sanitation Projects: A Case Study. ERD Technical Note Series

No. 19，Economics and esearch Department，Asian Development Bank，Manila.

56. Swaroop，V. 1994. The Public Finance of Infrastructure：Issues and Options. World Bank Policy Research Working Paper Series No. 1288，The World Bank，Washington，DC.

57. Tapio S，Katko，Petri S，Juuti，Riikka P，Rajala. Writing the history of water services［J］. Physics and Chemistry of the Earth，2009（34）：156 - 163.

58. the Economics of Environmental Resources 1：123 - 129.

59. Thoralf Dassler，David Parker，David S. Saal，Methods and trends of performance benchmarking in UK utility regulation［J］. Utilities Policy，2006（14）166 - 174.

60. to Water Supply."The Australian Economic Review 20（3）：21 - 35.

61. Train，K. 1997. Optimal Regulation：The Economic Theory of Natural Monopoly. Cambridge，MA：The.

62. VicentHernández-Chover，ÁguedaBellver-Domingo，FrancescHernández-Sancho. Efficiency of waste-water treatment facilities：The influence of scale economies［J］. Journal of Environmental Management，2018（228）：77 - 84.

63. Warford，J. 1987. Marginal Opportunity Cost Pricing for Municipal Water Supply. Special Paper，International Development Centre，Economy and Environment Program for Southeast Asia，Ottawa.

64. 保罗·萨缪尔森，威廉·诺德豪斯，萧琛译. 经济学（第 16 版）［M］. 华夏出版社，1999.

65. 曹洪，周江，周斌. 回用水定价思考［J］. 价格月刊，2003（8）：21.

66. 曾军平，杨君昌. 公共定价分析［M］. 上海，上海财经大学出版社：2009.5.

67. 曾鹏，张凡. 中国十大城市群公共服务供给效率的比较［J］. 统计观察，2017（03）：94 - 98.

68. 陈洪斌，于凤，孙博雅，何群彪，明玲玲. 集中式污水处理系统的最佳规模研究［J］. 中国给水排水，2006（21）：26 - 30.

69. 陈平. 法英中公共事业管理体制比较研究. 中国城市化［J］. 2003（9）：16 - 19.

70. 陈雯. 中国水污染治理的动态模型构建与政策评估研究［D］. 长沙：

湖南大学，2012.

71. 褚俊英，陈吉宁，邹骥，王灿．城市污水处理厂的规模与效率研究
［J］．中国给水排水，2004（05）：35－38.

72. 褚俊英，陈吉宁，邹骥．中国城市污水厂投资效率的定量分析［J］．
中国给水排水，2002（3）：27－29.

73. 褚俊英，陈吉宁，邹骥等．城市污水处理厂的规模与效率研究［J］．
中国给水排水，2004（5）：35－38.

74. 褚俊英，陈吉宁，邹骥等．中国城市污水处理厂资源配置效率的比较
［J］．中国环境科学，2004，24（2）：242－246.

75. 邓宗兵，吴朝影，封永刚，王炬．中国区域公共服务供给效率评价与
差异性分析［J］．经济地理，2014（34）：28－33.

76. 丁熙琳．中英美三国水务企业资本结构比较与启示［D］．成都：西
南财经大学，2007.

77. 董志刚，赵蔚，周鑫，赵鹏雷．城市污水处理厂 COD 和 NH_ 3－N
治理成本分析［J］．环境保护与循环经济，2017，37（10）：67－69.

78. 董志刚．城市污水处理厂 COD 和 NH 3 N 治理成本分析［J］．环境保
护与循环经济，2017：67－69.

79. 窦勇．基于成本函数的河网流域污染物治理的合作与补偿模型［D］．
济南：山东大学，2011.

80. 段然，李悦．农村金融的可持续发展模式研究．理论学习，2007
（1）：45－46.

81. 段永红，李曦．杨名远．中国城市污水处理市场化问题探讨［J］．中
国农村水利水电，2003（5）：11－14.

82. 段治平，吕志昌，李佳．污水处理收费国际比较与借鉴．价格理论与
实践［J］．2008（1）：32－33.

83. 段治平．中国城市水价改革的历程和趋向分析［J］．经济问题，2003
（2）：28－29.

84. 范彬，武洁玮，刘超，严岩．美国和日本乡村污水治理的组织管理与
启示［J］．中国给水排水，2009（10）：6－10.

85. 范伟军，范举红．污水处理企业投资运营安全决策分析方法［J］．给
水排水动态，2008（4）：14－16.

86. 方耀民．中国水价形成机制改革回顾与展望［J］．经济体制改革，

2008（1）：17－22.

87. 付涛，常杪，钟丽锦．中国城市水业改革实践与案例［M］．北京：中国建筑工业出版社：2006.6.

88. 傅平，谢华，张天柱，陈吉宁．完全成本水价与中国的水价改革．中国给水排水，2003（10）：22－24.

89. 傅涛，张丽珍，常杪，魏保平．城市水价的定价目标、构成和原则［J］．中国给水排水，2006（3）：15－18.

90. 高华，朱俊文．循环经济理念下的污水处理项目收费定价模型研究［J］．价格理论与实践，2007（12）：33－34.

91. 葛勇．基于污染治理成本开展污水排污费征收标准的研究［D］．南京：南京理工大学，2012.

92. 龚映梅，吕梦晓，张蕾．PPP特许经营项目效益最大化——基于公共产品服务效率与投资回报率的议价博弈［J］．重庆理工大学学报，2018（4）：35－42.

93. 顾笑然．公共产品思想溯源与理论述评．现代经济，2007（9）：63－65.

94. 广东省物价局课题组．广东环境保护价格与收费体系研究［J］．价格理论与实践，2008（6）：11－14.

95. 韩美，张丽娜．城市水价研究的理论与实践［J］．自然资源学报，2002（7）457－462.

96. 韩明杰，杨卫华．基于风险分担的污水处理BOT项目特许定价模型研究［J］．科技管理研究，2006（10）：158－161.

97. 何继新，顾凯平．价格和成本的逻辑——政府公共服务的价格规制［J］．商业时代，2008（2）：61－62.

98. 贺骏．英国水计量收费概览［J］．城镇供水，2006（6）：63－64.

99. 贺恒信，薛玮．新公共管理运动视角下的中国城市污水处理市场化［J］．经济体制改革，2006（2）：43－46.

100. 黄德波．基于合作博弈的流域水污染治理成本控制研究［J］．环境科学与管理，2020（2）：15－19.

101. 黄晓霞，吴燕，王君燕，苏华林，徐东丽．基于数据包络分析法的上海市闵行区社区卫生服务机构公共卫生服务效率评价［J］．中国全科医学，2016（25）：3085－3089.

102. 黄昀，王洪臣．浅谈城市污水处理厂运行管理问题［J］．水工业市场，2007（1）：40－42.

103. 黄智晖，谷树忠．水资源定价方法的比较研究［J］．资源科学，2002（5）：14－18.

104. 贾绍风，姜文来，沈大军．水资源经济学［M］．北京：中国水利水电出版社：2006.35.

105. 金汉信，彭纪生，霍焱．基于超效率 CCR－DEA 的韩国贸易港口技术效率研究［J］．华东经济管理，2009（9）：151－155.

106. 李博，刘茜．中国乡镇卫生院医疗服务效率及其影响因素研究［J］．中国卫生事业管理，2015（11）：856－859.

107. 李公祥，尹贻林基于超效率 DEA 方法的中国建筑业生产效率实证分析［J］．北京理工大学学报（社会科学版），2009（8）.

108. 李静，程丹润．基于 DEA－SBM 模型的中国地区环境效率研究［J］．合肥工业大学学报（自然科学版），2009（8）：1208－1211.

109. 李仕林．论中国城市污水处理的市场体制［J］．城市管理与科技，2004（2）：55－57.

110. 李新明，王燕．污水处理价格成本合理性标准的确定及其影响因素［J］．价格与市场，2008（7）：35－37.

111. 李绪稳．京津冀基本公共服务效率研究［D］．保定：河北大学，2017.

112. 李烨楠，卢培利，宋福忠，王飞，张代钧．排污权交易定价下的 COD 和氨氮削减成本分析研究［J］．环境科学与管理，2014，39（03）：50－53.

113. 利奥纳德·贝利，刘宇译．服务的奥秘［M］．企业管理出版社，2001.

114. 梁爱玉．关于中国城镇污水处理厂建设及运营的思考．农村经济，2004（12）：93－95.

115. 林澍，黄平．运用遗传算法进行污水厂费用函数拟合［J］．四川环境，2002，26（6）：123－126.

116. 林芳莉．中国污水处理的现状和存在的问题［J］．科技创新导报2008（14）：75.

117. 林关征．水资源的管制放松与水权制度［M］．北京：中国经济出版社：2007.7.

118. 林丽梅. 城镇污水处理服务市场化改革成效评价 ［D］. 福州：福建农林大学，2014.

119. 林伊. 浙江省污水处理行业发展分析与预测 ［J］. 给水排水动态，2007（12）：526-529.

120. 林勇，连洪泉. 中国各省市城市维护服务效率研究 ［J］. 财经研究，2013（9）：95-108.

121. 刘安萍. 欧美自然垄断行业的价格管制政策及其实践 ［J］. 学习与实践，2007（7）：86-90.

122. 刘鸿志. 国外城市污水处理厂的建设及运行管理 ［J］. 世界环境，2000（1）31-33.

123. 刘戒骄. 公用事业：竞争、民意与监管 ［M］. 北京：经济管理出版社：2007.10.

124. 刘树杰，杨娟，郭琎. 完善长江经济带污水治理价格政策研究 ［J］. 宏观经济管理，2019（9）：66-70.

125. 刘雪梅，何逢标. 关于优化污水处理收费体制问题的思考 ［J］. 中国水运，2006（11）：178-179.

126. 刘妍，郑丕谔，李磊. 中国可持续发展水价制定的方法研究 ［J］. 价格理论与实践，2006（1）：35-36.

127. 刘英. 地方政府基本公共服务绩效评估研究 ［D］. 长沙：湖南大学，2010.

128. 刘永德，赵继红，黄克毅，沈惠霞. 河南城市污水处理厂现状分析及建议 ［M］. 环境保护，2008（8）：38-39.

129. 刘征兵. 中国城市污水处理设施建设与运营市场化研究 ［D］. 长沙：中南大学，2006.

130. 娄峥嵘. 中国公共服务财政支出效率研究 ［D］. 徐州：中国矿业大学，2008.

131. 马宝云. 当前水资源费和污水处理费征收工作中存在的问题及对策 ［J］. 水利研究发展，2007（10）：39-40.

132. 马乃毅，徐敏. 以色列水资源管理实践经验及对中国西北干旱区的启示 ［J］. 管理现代化，2013（2）：117-119.

133. 马乃毅，姚顺波. 美国水务行业监管实践对中国的启示 ［J］. 亚太经济，2010（6）：82 – 86.

134. 马乃毅，姚顺波．污水处理费定价方法分类与比较研究［J］．苏州大学学报（哲学社会科学版），2010，31（04）：51 – 54.

135. 马乃毅．基于 New – Cost – DEA 模型的污水处理企业成本效率研究．2012（3）：72 – 75.

136. 马乃毅．城镇污水处理定价研究［D］．陕西：西北农林科技大学，2010.

137. 马乃毅．新疆城镇污水处理价格形成机制及管理研究［M］．中国农业出版社．2016.3.

138. 马文芳．中国污水处理产业市场化的几点思考［J］．价格与市场，2007（4）：23 – 24.

139. 马元珽．英格兰和威尔士水资源管理的现行法律法规框架［J］．水利水电快报，2005（5）：1 – 3.

140. 马云泽．规制经济学［M］．北京：经济管理出版社：2008.1.

141. 买亚宗，卢佳馨，马中，石磊．城镇污水处理设施运行效率及其规模效应研究［J］．中央财经大学学报，2016（4）：122 – 128.

142. 茅铭晨．政府管制理论研究综述［J］．管理世界，2007（2）：137 – 150.

143. 孟利国．成本管理、适宜规模与服务效率研究［D］．新疆：新疆财经大学，2016.

144. 孟利国．成本管理、适宜规模与服务效率研究——以新疆县级公立医院为例［D］．新疆：新疆财经大学，2016.

145. 牛学义．城市污水特许经营协议的若干问题探讨［J］．中国给水排水，2004（2）：25 – 27.

146. 冉斌．服务企业绩效评估体系研究［D］．长春：吉林大学，2008.

147. 任俊生．中国公用产品价格管制［M］．北京：经济管理出版社．2002.1.

148. 沈大军，陈雯，罗健萍．水价制定理论、方法和实践［M］．北京：中国水利水电出版社：2006.2.

149. 司训练，符亚明．基于可持续利用的水价结构及水价制定［J］．价格理论与实践．2007（5）：29 – 30.

150. 苏根生．南昌市水资源、水价、污水处理收费存在的问题及建议

［J］. 价格月刊，2005（10）：24.

151. 孙永利，张宇，赵琳，王蕊. 影响城镇污水处理产业发展的关键问题及对策建议［J］. 水工业市场，2008（1）：19 – 22.

152. 孙钰，施栋耀. 天津市污水处理市场化研究［J］. 城市 2007（11）：51 – 53.

153. 谭雪，石磊，马中，张象枢，陆根法. 基于污水处理厂运营成本的污水处理费制度分析——基于全国 227 个污水处理厂样本估算［J］. 中国环境科学，2015，35（12）：3833 – 3840.

154. 唐娟莉. 基于农户满意视角的农村公共服务投资效率研究［D］. 陕西：西北农林科技大学，2012.

155. 唐铁军. 深化污水处理收费改革的难点与对策［J］. 价格月刊，2007（10）：37 – 40.

156. 陶勇. 中国农村饮用水与环境卫生现状调查［J］. 环境与健康杂志，2009（1）：1 – 2.

157. 田学根. 对当前污水处理行业政府监管规制建设的思考与建议［J］. 新疆环境保护，2006.28（3）：11 – 14.

158. 托马斯·唐纳森，托马斯·邓菲，赵月瑟，译. 有约束力的关系：对企业伦理学的一种社会契约论的研究［M］. 上海社会科学院出版社，2001.

159. 王成芬. 关于城市污水处理的几个问题［J］. 科技创新导报，2007（30）：45.

160. 王春兰，罗玉林. 城市准公共物品市场化运作的困境分析［J］. 城市问题，2008（5）：78 – 81.

161. 王飞鹏. 中国公共就业服务均等化问题研究［D］. 北京：首都经济贸易大学，2012.

162. 王高玲，田大将. 基于超效率数据包络分析的中国社区卫生服务机构服务效率的评价研究［J］. 2014（28）：3096 – 3300.

163. 王佳伟，张天柱，陈吉宁. 污水处理厂 COD 和氨氮总量削减的成本模型［J］. 中国环境科学，2009，29（04）：443 – 448.

164. 王娟. 中国污水处理的困境和出路［J］. 企业活力，2004（9）：6 – 7.

165. 王俊豪. 政府管制经济学导论［M］. 北京：商务印书馆：2006.12.

166. 王克强，邓光耀，刘红梅．基于多区域 CGE 模型的中国农业用水效率和水资源税政策模拟研究［J］．财经研究，2015（3）：40－49.

167. 王玲．成本回收与城市污水处理运营财务分析［J］．中国农业会计，2008（8）：93－95.

168. 王涛，简映．城市污水处理行业 BOT 项目合同签订应注意的问题［J］．城市公用事业，2007（6）：33－35.

169. 王伟同．公共服务绩效优化与民生改善机制研究［D］．大连：东北财经大学，2009.

170. 王伟同．中国公共服务效率评价及其影响机制研究［J］．财经问题研究，2011（5）：19－25.

171. 王希希，陈吉宁．中国污水处理理想价格及合理投资结构测算分析［J］．给水排水，2004（11）43－46.

172. 王晓红，林盛，都志民，许春华，胡洪营，李成芳，商子江．山东省徒骇河——马颊河流域城市污水处理厂运行效果及费用分析［J］．环境污染与防治，2015，37（02）：21－25＋31.

173. 王秀琴，李黎明，潘志明，胡玉华．基于 DEA 模型的厦门市 25 个社区卫生服务中心效率研究［J］．中国卫生统计，2015（6）：1042－1044.

174. 王中华，李湘君，林振平．基于超效率 DEA 的中国省际卫生服务效率分析［J］．科技管理研究，2012（2）：61－63.

175. 吴建，王莉红，王卫军，邵庆，李巧萍．城镇污水处理厂 BOT 项目运作程序及风险管理［J］．农机化研究，2004（5）：187－190.

176. 吴杰，梁樑，查迎春．考虑价格函数关系的成本效率/收益效率和利润效率．系统工程，2007（12）：75－79.

177. 吴添祖，丁科亮，徐海江．OECD 成员国家庭用水的价格制度［J］．水利水电科技进展，2003（1）：66－68.

178. 谢标，杨永岗．水资源定价方法的初步探讨［J］．环境科学，1999（5）：100－103.

179. 谢世清，Greg J. Browder，Yoonhee Kim，顾立欣，樊明远，David Ehrhardt. 展望中国城市水业［M］．北京：中国建筑工业出版社：2007. 12.

180. 邢秀凤．城市水业市场化研究［M］．北京：中国水利水电出版社：2007. 9.

181. 徐晓鹏．基于可持续发展的水资源定价研究［D］．大连：大连理工大学，2003.

182. 严明清. 城市排污收费的经济分析 [D]. 武汉：华中科技大学，2004.

183. 杨冬华，葛察忠，Grzegorz Peszko，杨金田，高树婷，童凯. 城市污水处理收费标准的提高对居民承受能力的影响 [J]. 环境科学研究，2005 (4)：121 - 124.

184. 杨建文. 政府规制——21 世纪理论研究潮流 [J]. 上海：学林出版社：2007.9.

185. 杨君昌，曾军平. 公共定价理论 [M]. 上海：上海财经大学出版社：2002.9.

186. 杨林，许敬轩. 地方财政公共文化服务支出效率评价与影响因素 [J]. 中央财经大学学报，2013 (4)：7 - 13.

187. 杨林，许敬轩. 基于 DEA 模型的山东省公共服务财政效率评价研究 [J]. 中国海洋大学学报，2013 (4)：46 - 51.

188. 杨卫华，戴大双，韩明杰. 基于风险分担的污水处理 BOT 项目特许价格调整研究 [J]. 管理学报，2008 (5)：366 - 370.

189. 杨新标. 中国水污染"费改税"问题研究 [D]. 哈尔滨：哈尔滨商业大学，2016.

190. 伊雪秋. 污水处理厂缘何成了摆设 [J]. 水工业市场，2007 (8)：5 - 10.

191. 易莹莹. 中国基本公共服务支出效率及其溢出效应测度 [J]. 城市问题，2016 (1) 64 - 70.

192. 尹鹏，刘继生，陈才. 东北地区资源型城市基本公共服务效率研究 [J]. 中国人口·资源与环境，2015 (6)：127 - 134.

193. 于鲁冀，王燕鹏，梁亦欣. 基于污水治理成本的流域污染赔偿标准研究 [J]. 生态经济，2011 (9)：51 - 54.

194. 余海宁. 城市供水价格理论研究与实践分析 [D]. 上海：同济大学，2006.

195. 於方，牛坤玉，曹东，王金南. 基于成本核算的城镇污水处理收费标准设计研究 [J]. 中国环境科学，2011，31 (09)：1578 - 1584.

196. 喻琪. 基本公共服务供给效率与公平协调性分析 [D]. 长沙：湖南农业大学，2015.

197. 原培胜. 城镇污水处理厂处理成本分析［J］. 舰船防化，2007（6）：35－39.

198. 张凯松，周启星. 可持续的污水处理过程与展望［J］. 生态学杂志，2006（9）：1129－1135.

199. 张莉侠. 中国乳制品企业技术效率分析［J］. 统计与信息论坛，2007（3）：103－108.

200. 张瑞. 中国城市污水处理的现状、问题及定价策略［J］. 中国高新技术企业，2008（11）：150.

201. 张少华，韩臻. 浅论加强污水处理也得成本管理［J］. 内蒙古科技与经济，2003（4）：61－62.

202. 张菀洺. 政府公共服务供给效率的经济学分析［J］. 数量经济技术经济研究，2008（6）：54－65.

203. 张雅君，杜晓亮，汪慧贞. 国外水价比较研究［J］. 给水排水，2008（1）：118－122.

204. 张卓元. 中国价格管理研究——微观规制与宏观调控［J］. 中国社会科学研究生院，2000（4）：5－9.

205. 赵会茹，赵名璐，乞建勋. 基于 DEA 技术的输配电价格管制研究［J］. 数量经济技术经济研究，2004（10）：110－119.

206. 赵强，张慎峰，吴育华. 污水处理厂规模与技术相对有效评估研究［J］. 成都信息工程学院学报，2003（3）：36－39.

207. 赵一宁，李朝玺，安彩妹，王宏展. 基于不同城镇污水处理厂的运行成本分析研究［J］. 给水排水，2018，54（S2）：48－50.

208. 赵永亮，徐勇. 中国制造业企业的成本效率研究［J］. 南方经济，2007（8）：46－55.

209. 中国华禹水务产业投资筹备工作组. 英国水务改革与发展研究报告［M］. 北京：中国环境科学出版社：2007.10.

210. 中国华禹水务产业投资基金筹备组. 中国城市水务改革发展研究报告. 北京：中国环境科学出版社：2007.4.

211. 中华人民共和国环境保护部. 中国环境统计年报［R］. 北京：中国环境出版社，2014—2019.

212. 钟瑜，毛显强，陈隽，夏成. 中国城市污水处理良性运营机制探讨［J］. 中国人口资源与环境，2003（3）：52－56.

213. 周斌. 华东地区城市污水处理厂运行成本分析 [J]. 中国给水排水, 2001 (08): 29 – 30.

214. 周达. 中国城市污水处理基准成本研究 [J]. 城市管理前沿, 2008 (1): 40 – 42.

215. 周庆元, 骆建建. 基于 DEA 理论的基本公共服务均等化指标体系构建及效率评价 [J]. 中南林业科技大学学报, 2011 (6): 22 – 25.

216. 周阳品, 黄光庆. 中国城市污水集中处理的现状与对策研究 [J]. 资源开发与市场, 2007 (23): 97 – 99.

217. 朱先, 欧阳俊婷, 匡莉, 尹丽婷, 吴峰. 广州市基本公共卫生服务效率评价与影响因素研究 [J]. 方法学应用, 2015 (3): 47 – 50.

218. 庄宇, 桂公保什加, 王莉芳. 陕西城市污水处理产业的问题与对策 [J]. 经济问题探索, 2006 (11): 154 – 157.

219. 2021 年我国水生态环境治理行业相关政策汇总一览. 观研报告网 (chinabaogao.com).

220. 规模经济理论. https: //wenku.baidu.com/view/3529f63a580216fc 700afdac.html.

221. 住建部和中国建设会计学会. 城市污水处理行业财务经济情况重点调查分析报告 (2019) [R]. 2020.12.

222. 2021 年中国水污染治理行业分析报告——行业全景调研与发展前景评估. 观研报告网 (chinabaogao.com).

223. 服务效率. https: //baike.baidu.com/item.